中国中药资源大典
——中药材系列
中药材生产加工适宜技术丛书
中药材产业扶贫计划

款冬花生产加工适宜技术

总 主 编　黄璐琦
主　　编　胡本祥　杜　弢
副 主 编　赵　停　刘学周

中国健康传媒集团
中国医药科技出版社

内容提要

《中药材生产加工适宜技术丛书》以全国第四次中药资源普查工作为抓手，系统整理我国中药材栽培加工的传统及特色技术，旨在科学指导、普及中药材种植及产地加工，规范中药材种植产业。本书为款冬花生产加工适宜技术，包括：概述、款冬药用资源、款冬栽培技术、款冬花特色适宜技术、款冬花药材质量评价、款冬花现代研究与应用等内容。本书适合中药种植户及中药材生产加工企业参考使用。

图书在版编目（CIP）数据

款冬花生产加工适宜技术 / 胡本祥，杜弢主编 .— 北京：中国医药科技出版社，2018.9

（中国中药资源大典 . 中药材系列 . 中药材生产加工适宜技术丛书）

ISBN 978-7-5214-0391-6

Ⅰ . ①款…　Ⅱ . ①胡… ②杜…　Ⅲ . ①款冬花—栽培技术 ②款冬花—中草药加工　Ⅳ . ① S567.23

中国版本图书馆 CIP 数据核字（2018）第 196605 号

美术编辑　陈君杞
版式设计　锋尚设计

出版　**中国健康传媒集团** | 中国医药科技出版社
地址　北京市海淀区文慧园北路甲 22 号
邮编　100082
电话　发行：010-62227427　邮购：010-62236938
网址　www.cmstp.com
规格　710 × 1000mm　1/16
印张　6 3/4
字数　59 千字
版次　2018 年 9 月第 1 版
印次　2018 年 9 月第 1 次印刷
印刷　北京盛通印刷股份有限公司
经销　全国各地新华书店
书号　ISBN 978-7-5214-0391-6
定价　30.00 元

中药材生产加工适宜技术丛书

编委会

—— 本书编委会 ——

主　　编 胡本祥　杜　弢

副主编 赵　停　刘学周

编写人员 （按姓氏笔画排序）

刘学周（甘肃中医药大学）

李　华（陕西省咸阳市食品药品检验检测中心）

李　静（陕西中医药大学）

赵　停（陕西中医药大学）

侯　嘉（甘肃中医药大学）

序

我国是最早开始药用植物人工栽培的国家，中药材使用栽培历史悠久。目前，中药材生产技术较为成熟的品种有200余种。我国劳动人民在长期实践中积累了丰富的中药种植管理经验，形成了一系列实用、有特色的栽培加工方法。这些源于民间、简单实用的中药材生产加工适宜技术，被药农广泛接受。这些技术多为实践中的有效经验，经过长期实践，兼具经济性和可操作性，也带有鲜明的地方特色，是中药资源发展的宝贵财富和有力支撑。

基层中药材生产加工适宜技术也存在技术水平、操作规范、生产效果参差不齐问题，研究基础也较薄弱；受限于信息渠道相对闭塞，技术交流和推广不广泛，效率和效益也不很高。这些问题导致许多中药材生产加工技术只在较小范围内使用，不利于价值发挥，也不利于技术提升。因此，中药材生产加工适宜技术的收集、汇总工作显得更加重要，并且需要搭建沟通、传播平台，引入科研力量，结合现代科学技术手段，开展适宜技术研究论证与开发升级，在此基础上进行推广，使其优势技术得到充分的发挥与应用。

《中药材生产加工适宜技术》系列丛书正是在这样的背景下组织编撰的。该书以我院中药资源中心专家为主体，他们以中药资源动态监测信息和技术服务体系的工作为基础，编写整理了百余种常用大宗中药材的生产加工适宜技术。全书从中药材的种植、采收、加工等方面进行介绍，指导中药材生产，旨在促进中药资源的可持续发展，提高中药资源利用效率，保护生物多样性和生态环境，推进生态文明建设。

丛书的出版有利于促进中药种植技术的提升，对改善中药材的生产方式，促进中药资源产业发展，促进中药材规范化种植，提升中药材质量具有指导意义。本书适合中药栽培专业学生及基层药农阅读，也希望编写组广泛听取吸纳药农宝贵经验，不断丰富技术内容。

书将付梓，先睹为悦，谨以上言，以斯充序。

中国中医科学院 院长

中 国 工 程 院 院士 张伯礼

丁酉秋于东直门

总 前 言

中药材是中医药事业传承和发展的物质基础，是关系国计民生的战略性资源。中药材保护和发展得到了党中央、国务院的高度重视，一系列促进中药材发展的法律规划的颁布，如《中华人民共和国中医药法》的颁布，为野生资源保护和中药材规范化种植养殖提供了法律依据；《中医药发展战略规划纲要（2016—2030年）》提出推进“中药材规范化种植养殖”战略布局；《中药材保护和发展规划（2015—2020年）》对我国中药材资源保护和中药材产业发展进行了全面部署。

中药材生产和加工是中药产业发展的“第一关”，对保证中药供给和质量安全起着最为关键的作用。影响中药材质量的问题也最为复杂，存在种源、环境因子、种植技术、加工工艺等多个环节影响，是我国中医药管理的重点和难点。多数中药材规模化种植历史不超过30年，所积累的生产经验和研究资料严重不足。中药材科学种植还需要大量的研究和长期的实践。

中药材质量上存在特殊性，不能单纯考虑产量问题，不能简单复制农业经验。中药材生产必须强调道地药材，需要优良的品种遗传，特定的生态环境条件和适宜的栽培加工技术。为了推动中药材生产现代化，我与我的团队承担了

农业部现代农业产业技术体系“中药材产业技术体系”建设任务。结合国家中医药管理局建立的全国中药资源动态监测体系，致力于收集、整理中药材生产加工适宜技术。这些适宜技术限于信息沟通渠道闭塞，并未能得到很好的推广和应用。

本丛书在第四次全国中药资源普查试点工作的基础下，历时三年，从药用资源分布、栽培技术、特色适宜技术、药材质量、现代应用与研究五个方面系统收集、整理了近百个品种全国范围内二十年来的生产加工适宜技术。这些适宜技术多源于基层，简单实用、被老百姓广泛接受，且经过长期实践、能够充分利用土地或其他资源。一些适宜技术尤其适用于经济欠发达的偏远地区和生态脆弱区的中药材栽培，这些地方农民收入来源较少，适宜技术推广有助于该地区实现精准扶贫。一些适宜技术提供了中药材生产的机械化解决方案，或者解决珍稀濒危资源繁育问题，为中药资源绿色可持续发展提供技术支持。

本套丛书以品种分册，参与编写的作者均为第四次全国中药资源普查中各省中药原料质量监测和技术服务中心的主任或一线专家、具有丰富种植经验的中药农业专家。在编写过程中，专家们查阅大量文献资料结合普查及自身经验，几经会议讨论，数易其稿。书稿完成后，我们又组织药用植物专家、农学家对书中所涉及植物分类检索表、农业病虫害及用药等内容进行审核确定，最终形成《中药材生产加工适宜技术》系列丛书。

在此，感谢各承担单位和审稿专家严谨、认真的工作，使得本套丛书最终付梓。希望本套丛书的出版，能对正在进行中药农业生产的地区及从业人员，有一些切实的参考价值；对规范和建立统一的中药材种植、采收、加工及检验的质量标准有一点实际的推动。

2017年11月24日

前　言

款冬花为菊科植物款冬*Tussilago farfara* L. 的干燥花蕾。别名冬花。其性温，味辛、微苦。具有润肺下气、止咳化痰之功效。临床主要用于新久咳嗽、喘咳痰多、劳嗽咳血等病症。

本品主要分布于陕西、甘肃、河南、重庆等省区。目前，主要依靠栽培品供应市场需求。陕西的榆林、铜川，甘肃的天水、陇西和重庆的巫溪等地为其主要栽培区域，目前种植区域达10万余亩。

款冬为冬季开花植物，花蕾期时间较短，上冻前必须采摘，否则第二年初春花蕾开放则失去其药效。花蕾的采摘目前尚无机械作务，所以，采收其花蕾是款冬花栽培最为费工费时的操作过程。另外，款冬花采摘后不宜久存，要迅速干燥，否则，款冬花变色会影响其质量。

本书共分为6章，从款冬的植物学形态、生长环境、生长习性、栽培技术、采收加工、本草考证及药材质量评价等几方面详尽地介绍了款冬花生产加工适宜技术。作者在编写本书过程中，除参考国内外有关款冬的文献外，栽培技术、采收加工、运输贮藏等内容均为作者多年实践的第一手资料，尚未公开发表。

本书作为款冬绿色种植与加工的专业科学普及图书，旨在通过对中药材

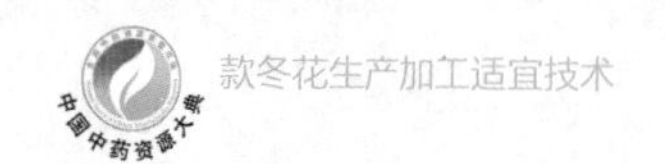

（尤其是道地药材）种植规范及采收加工技术的总结整理，推动我国北方地区款冬花的规范化种植，促进中药资源与精准扶贫融合，保护中药资源可持续发展。本书适合中药材生产经营，中药资源开发利用的专业技术人员参考使用。

本书第1章、第2章、第6章由陕西中医药大学胡本祥、赵停、李静和陕西省咸阳市食品药品检验所李华共同完成，第3章到第5章由甘肃中医药大学杜弢、刘学周和侯嘉完成。书稿的审改、统稿及定稿工作由主编完成。

由于编写者水平有限，时间仓促，故缺点和错误在所难免，希望广大读者提出宝贵意见，以便今后修订。

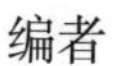

编者

2018年6月

目 录

第1章

概　述

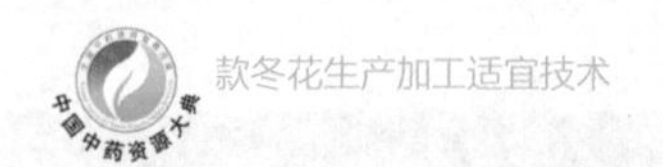

款冬花为菊科植物款冬*Tussilago farfara* L.的干燥花蕾。味辛、微苦，性温。归肺经。具有润肺下气、止咳化痰的功效，用于治疗新久咳嗽、喘咳痰多、劳嗽咯血等症。现代药理研究表明款冬花具有止咳、祛痰、平喘、抗炎、抗肿瘤、抗结核、抗菌、神经保护等多方面功效。

款冬的适应能力强，在我国的多数地区均有种植，主要分布在甘肃、陕西、山西、河南、湖北、四川、宁夏、内蒙古、新疆等地。其中，河北省蔚县、阳原县和与其交界的山西省广灵县是全国最大的款冬花主产地，款冬花产量占全国总产量的50%以上。甘肃是款冬花药材的主产区之一，所产款冬花具有产量大、质量优的特点。尤其灵台县所产冬花质量最佳，个大、色紫、质地肥厚，素有“灵冬花”之称。据统计，全省款冬花分布面积约为6.7万公顷，蕴藏量为600多吨，正常年收购60吨，最高达100吨，产量占全国的30%以上。湖北恩施、神农架，重庆巫溪亦是传统产区之一，占市场份额的15%左右。

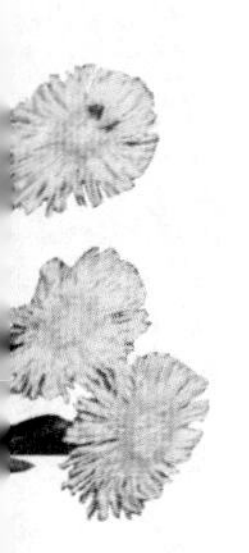

款冬花属于常用家种中药材品种之一，是治疗伤风咳嗽等上呼吸道疾病的重要配方药材。在中成药生产中，本品又是通宣理肺丸、百花定喘丸、止咳青果丸、气管炎丸、半夏止咳片、复方冬花咳片、川贝雪梨膏、款冬止咳糖浆等几十种中成药的重要原料。剂型有蜜丸、水丸、片剂、煎膏剂、浓缩丸等20多种剂型，并有稳定的出口量。1998年中药普查数据显示，款冬花当年用量为760吨，进入21世纪后，以款冬花为主要原料大量生产的新药、中成药和中药饮片逐年增多，款冬花的年用量逐年增长。目前年用量估计为800～1000吨，属于疫情类储备药材之一。

第2章

款冬药用资源

一、形态特征及分类检索

1. 款冬的植物学形态

款冬花原植物为菊科植物款冬（*Tussilago farfara* L.）。多年生草本，高10～25cm。根茎褐色，横生地下。款冬药用植物的叶为基生叶，广心脏形或卵形，长7～15cm，宽8～10cm，先端钝，边缘呈波状疏锯齿，锯齿先端往往带红色。基部心形或圆形，质较厚，上面平滑，暗绿色，下面密生白色毛；掌状网脉，主脉5～9条；叶柄长8～20cm，半圆形；近基部的叶脉和叶柄带红色，并有毛茸。小叶10余片，互生，叶片长椭圆形至三角形。于早春发出数个花葶，高5～10cm，具白色毛茸，有鳞片状，互生的苞叶，苞叶淡紫色。头状花序顶生，直径2.5～3cm，初时直立，花后下垂；总苞片1～2层，线形，顶端钝，常带紫色，被白色柔毛及脱毛，有时具黑色腺毛；苞片20～30层，质薄，呈椭圆形，具毛茸；舌状花在周围一轮，鲜黄色，单性，花冠先端凹，雌蕊1，子房下位，花柱长，柱头2裂；管状花两性，先端5裂，裂片披针状，雄蕊5，花药连合，雌蕊1，花柱细长，柱头球状，瘦果长柱形，顶端有冠毛，冠毛丝状，黄褐色，长3～4mm，宽0.5mm。花期2～3月，果期4月（如图1-1、图1-2）。

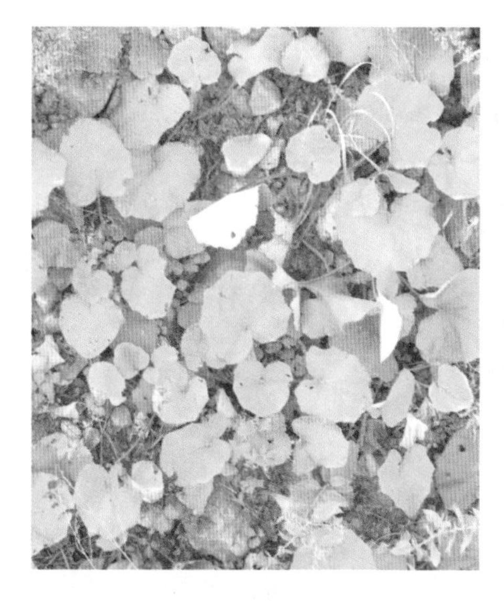

图1-1　款冬植株

图1-2　款冬花蕾

2. 款冬的演化地位及分类检索

按照Drude分类系统，菊科分为管状花亚科（CARDUOIDEAE KITAM）和舌状花亚科（CICHORIOIDEAE KITAM）。款冬属属于菊科管状花亚科千里光族款冬亚族，款冬亚族中共有8个属，分别为歧笔菊属（*Dicercoclados* C.Jeffrey et Y.L.Chen）、多榔菊属（*Doronicum* L.）、假橐吾属（*Ligulariopsis* Y. L. Chen）、蟹甲草属（ *Parasenecio* W. W. Smith et J. Small）、蜂斗菜属（*Petasites* Mill.）、华蟹甲属（*Sinacalia* H. Robins. et Brettel）、兔儿伞属（*Syneilesis* Maxim.）和款冬属（*Tussilago* L.）。

款冬（*Tussilago farfara* L.）为菊科，千里光族，款冬属植物。其分类检索表如下所示。

1 花雌雄同株，花序梗具1头状花序 …………………………… 款冬属（款冬）

1 花近雌雄异株；头状花序具杂性小花；花序梗具数个头状花序 ……… 蜂斗菜属

2 叶掌状羽状分裂（裂片不达中部），肾形，3浅裂，裂片有缺刻状齿，有小尖头；总苞卵状长圆形；雄性花序伞房状和密圆锥状；雌花有短舌片…… 掌叶蜂斗菜

2 叶不分裂，具角或有齿，多少肾形 …………………………………………（3）

3 头状花序多数，排成聚伞圆锥状或圆锥状花序；苞叶卵状长圆形或卵状披针形，顶端尖或渐尖……………………………………………………………（4）

3 头状花序少数，排成总状或伞房状花序，稀下部有2～3分枝；苞叶长圆形或卵状披针形……………………………………………………………（5）

4 雌性头状花序的总苞钟状，长9mm；花柱伸出花冠；雄性头状花序具长10～15mm的花序梗；雌性头状花序梗较粗，长7～15mm …… 台湾蜂斗菜

4 雌性头状花序近圆柱状，长10～12mm；花序梗与头状花序等长或长于头状花序，长达8厘米 ……………………………………… 毛裂蜂斗菜

5 叶厚纸质，肾状心形，长3～5.5cm，宽（4）5～9cm；头状花序6～9个伞房状排列；花序梗细长达6cm；总苞倒锥状，长8～10mm；雌花有短舌片，顶端具2～3细齿 ……………………………… 长白蜂斗菜

5 叶质薄而较大，深心形，或圆肾形；长8～12cm或更长；头状花序排成伞房状或总状；花序柄长5.5cm ……………………………………（6）

6　苞叶长圆形或卵状披针形，顶端钝；头状花序在花茎端密集成伞房状，花后总状；总苞片狭长圆形，顶端钝 ………………………………………………………………蜂斗菜

6　苞叶宽卵形，茎生和下部苞叶披针形，顶端长渐尖；头状花序排成总状；总苞片11～15，线形，顶端钝或稍尖；子房被毛 ……………………………盐源蜂斗菜

3. 款冬花序芽分化

款冬花芽分化阶段可划分为：分化前期（未分化期）→花盘形成期→花原基分化期→中央花花瓣原基分化期→中央花雄蕊原基分化期→中央花雌蕊原基分化期→边缘花花瓣原基分化期→边缘花雌蕊原基分化期→中央花花粉分化形成期→子房胚珠分化形成期，共10个时期。其中前2个时期是花序盘分化，后8个时期属于花序小花的花芽分化阶段。中央花与边缘花的花原基同时分化突起后，边缘花短暂停止分化生长，等到中央花的花瓣、雄蕊及雌蕊原基分化完成时，边缘花才又开始生长，分化出花瓣及雌蕊原基，但等到中央花雄蕊的花粉分化形成后，边缘花由于没有雄蕊，两种花发育又基本同步地进入子房胚珠分化形成期。

分化前期（未分化期）：7月之前挖取根茎基部的芽状突起，切片观察其结构，认为多数是根茎芽，少数可能是花芽，因为此时从形态上无法区分二者，顶端生长锥的发育方向不确定。同时可见有较小的腋芽发育。7月取材，根茎基部的多数突起将形成花芽，生长锥外周包裹多层外被，结构均匀，形态上可

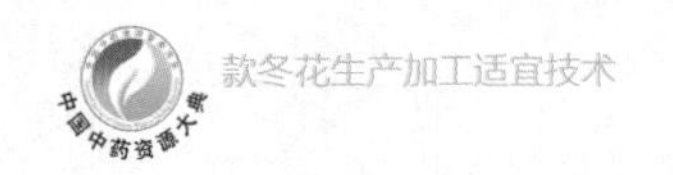

与其他类型的生长顶端区分。

花盘形成期：8月上旬取材观察，突起的顶端生长锥出现头状花序盘形态。生长锥两侧不再分化外包被突起，并且随着顶端生长锥体积增大，形成圆鼓形的头状花序盘，顶端逐渐加宽，表面光滑。

花原基分化期：8月下旬，从头状花序盘表面观察到波浪形突起，随后突起均匀长高，形成小花的原基。此时花序盘上分不出中央花或边缘花，二者在花原基分化期形态一致。

中央花分化期：9月初观察，位于花序盘上中央部分的花原基高度明显超过边缘花原基，边缘花原基停止分化生长。中央花器官各部分的分化是按由外到内的结构顺序依次分化形成的，因此又可划分为中央花花瓣原基分化期、中央花雄蕊原基分化期及中央花雌蕊原基分化期。具体过程为：由于小花原基突起顶端的外围细胞群分裂增生比中间细胞快，逐渐造成中间区域凹陷，外围一圈突起即形成中央小花的花冠原基。花冠包括萼片与花瓣，但萼片基本退化，以后只在花瓣的外侧留有很小的突起楞结构而没有伸长，因此该原基被认为是花瓣原基，以后将形成筒状花瓣。花瓣原基分化后，紧接内侧位置突起雄蕊原基，之后内面上又突起分化雌蕊原基。

边缘花分化期：9月上旬的取样中就可看到中央花雌蕊分化完成而边缘花随即进入花瓣原基分化期的材料，证明边缘花停止分化仅仅是一个很短暂的时

间，中央花器官各部分的分化迅速。边缘花器官分化只有花瓣原基分化期和雌蕊原基分化期，分化过程与中央花类似，边缘花的花瓣外侧可见更明显的类萼片突起结构。从花芽分化严格定义上划分，至此款冬花序花芽分化已完成，从花序盘分化形成到两种类型花的花芽分化结束，基本上历时1个月左右（8月上旬到9月上旬），之后的发育属于配子体分化生长。

中央花花粉分化形成期：9月中旬观察见典型的发育为中央花花粉分化形成期及边缘花舌状花瓣伸长形成。边缘花舌状花是菊科植物的特征，花瓣分化后，只有一侧花瓣伸长生长。

子房胚珠分化形成期：9月下旬可见两种类型的花几乎同时进入子房胚珠分化形成期，胚珠呈弯曲生长形态。到10月中旬雌雄配子体结构基本形成，花蕾体积迅速增长。11月观察花蕾饱满，花药、胚囊已发育成熟并逐渐进入休眠越冬。

4. 遗传特性

刘建全对款冬属的核形态进行了研究，发现款冬属的染色体间期为简单型与复杂型的过渡型；前期染色体为近基型与中间型的过渡型。染色体较小，核型不对称，具明显的二型性。款冬的核型明显不同于千里光族中已有的核型记载，其核型特征似乎与它独特的形态特征相联系，具有重要的系统学意义。

5. 生殖特性

款冬在西宁地区为4月初开花，4月下旬结束，先花后叶，大小孢子发育及雌雄配子体的发育主要在头一年的地下完成。根据笔者观察，8月下旬，挖掘地下根茎已有花蕾形成，此时一般为小孢子发育的四分体之前的时期与大孢子发育的减数分裂之前的时期。9月上旬，大部分花蕾进入小孢子发育的四分体至单核小孢子时期，大孢子进入8核胚囊时期，随后进入休眠时期，第二年4月初，花蕾破土时，小孢子进行2细胞花粉及3细胞花粉的发育，而8核胚囊则进一步进行成熟胚囊的分化。由于款冬根茎花蕾的发育具有连续性，同一根茎上花蕾的发育时期有所不同，但进入休眠期之前，如果花的小孢子及大孢子未完成减数分裂，第二年此花蕾则不能正常的开花结果。款冬在开花的前一年的秋季就已经完成大、小孢子及雌、雄配子体的发育，再经过冬季漫长的休眠期，第二年春天再完成剩余的生殖过程。这种生殖机制对于早春开花的植物具有重要的生态适应价值。

二、生物学特性

款冬的生命周期越冬跨2年，约需360天。款冬栽后于4月中下旬出苗，出苗后生长缓慢，6月下旬才开始迅速生长，7月份生长旺盛，为营养生长期。8月底进入生殖生长期，其营养生长达高峰，此后生长的新叶较多，但都发育不大，有效茎的生长也基本稳定，此时不应追肥，以免生长过旺、不抗病。9月后因营养器官长势转缓，生殖器官开始生长（花芽开始分化），这时需要追肥再结合松土，以保持肥效，提高产量。10月下旬气温明显下降，地上部生长明显减慢，此时花蕾苞叶呈紫红色且尚未出土。11月中上旬基部叶开始枯黄，12月上旬大部分下部基叶已枯黄。待到翌年2月，花茎出土，直至头状花序长出，观察后可知头状花序外周一轮为舌状花，鲜黄色，单性。中部为少数两性花，花药基部尾状，柱头头状。而后到4月下旬至5月初瘦果成熟，花序开裂种子极易分散，为避免被风吹散宜分次采收（图2-3、图2-4、图2-5、图2-6）。

图2–3　款冬（原植物）

图2–4　款冬（地上部分）

图2–5　款冬（根）

图2–6　款冬（果期）

三、地理分布

款冬喜凉爽湿润气候，能耐寒，较耐荫蔽。怕热、怕旱、怕涝。分布于陕西、河南、甘肃、山西、湖北、四川、内蒙古、青海、新疆、西藏等地，多生于河边、沙地、林缘、路旁、林下等处。

款冬家野兼有。野生资源主要分布于甘肃、山西、宁夏、新疆；陕西、四川、内蒙古、河北等省区亦有分布。主产于甘肃天水、庆阳、环县、临潭、徽县、礼县、灵台、泾川、两当、正宁、宁县；山西静乐、临县；宁夏隆德、固原、海原、彭阳、泾源；新疆新源、裕民；陕西府谷；内蒙古准格尔旗。家种款冬栽培于四川、陕西、山西、湖北、河南，河北亦有栽培。主产于四川广元、南江、城口、巫江；陕西府谷、子长、镇巴、宁强、榆林、神木、风县；山西娄烦、忻州、静乐；湖北郧县、南漳；河南宜阳、嵩县、卢氏、栾川。以河南产量多，甘肃质量优。其中蔚县的下元皂村是最早野生变家种成功之地，也是大面积款冬的栽培地。

四、生态适宜分布区及适宜种植区

款冬对生长条件要求较为严格。气温在35℃左右生长良好。宜栽培于海拔800m以上的山区半阴坡地。海拔1800m以上的高山区也可栽种，但因海拔过高时冬季封冻较早，不便于采收花蕾，因此一般不选择此海拔种植。款冬对土壤要求不严，土质疏松、肥沃、湿润、富含腐殖质多或微酸性砂质壤土或红壤都可培育款冬。其植株一般在春季气温回升至10℃时开始出苗，15～25℃时适宜生长，苗叶生长迅速，若遇到高温（温度超过35℃）干旱，应及时浇灌井水降低温度，并加强田间管理否则茎叶就会出现萎蔫，甚至大量死亡，因此款冬花适合种植在海拔较高、降雨量偏大、植被与生态环境良好的高山半阴半阳坡地，如在平原田地种植则可与果树间作。

款冬较为集中地分布在陕西、山西、甘肃、河南地区，并以陕西、甘肃为款冬的道地产区，此外青海、四川、内蒙古、河北、新疆等地亦有分布。

陕西省地处中国西北部，跨北温带和亚热带，整体属大陆季风性气候，各地的年平均气温在7～16℃，其中陕北7～12℃；关中12～14℃；陕南的浅山河谷为全省最暖地区，多在14～16℃，无霜期较长（218天左右）。主要分布在西安、宝鸡、铜川、延安、榆林等地。

甘肃省地处黄土高原、内蒙古高原和青藏高原交汇处，整体地貌为山地型高原，主体海拔高度1000～2000m。本省深居内陆，具有明显的向大陆性气候过渡的特征。主要为暖温带、温带半干旱、干旱气候，兼有少数亚热带、暖温带湿润、半湿润区及部分高寒气候区。年平均气温0～15℃。主要分布在陇南、天水、甘南、平凉、庆阳、临夏等地。

1. 土壤

刘毅对重庆巫溪县的款冬土壤进行研究，发现款冬的适宜栽培土壤为灰包土，其鲜重、粒数、全株鲜重、每粒花重、冬花所占生物量的比例、小区产量、干重常量等指标均比其他类型的土壤好，有显著的差异，其次为黄灰包土，黄沙土最次。

2. 养分

款冬适宜土壤氮素含量要求较高，碱解氮含量平均值高于一般土壤，缺氮临界指标60mg/kg的约30mg/kg。随着土层厚度的增加而减少，其中全氮变化幅度较小，碱解氮变化幅度较大，说明氮素有向耕层富集的现象，这是由于款冬生长土壤在长期的耕作熟化过程中，施用肥料和对耕作层耕种熟化造成耕作氮素含量增加。

款冬适宜土壤全磷含量较低，低于一般土壤，全磷含量在0.4～2.5g/kg的低水平含量，速效磷含量低，接近比一般土壤速效磷缺磷临界值（5mg/kg）的含量水平低10倍。耕作层全磷含量变化较大，而速效磷含量则变化较小。

款冬土壤钾素含量处于较高的水平，全钾含量高于大多数耕作土壤11.6g/kg的平均含量水平。速效钾含量远远高于土壤缺钾临界值（83mg/kg）。随着土层厚度的增加，钾素含量减少，其中全钾变化幅度较小，速效钾变化幅度较大，说明钾素有向耕层富集的现象。

第3章

款冬栽培技术

款冬在我国甘肃、山西、陕西、河南、河北、湖北、四川、重庆、内蒙古、新疆、青海、西藏等地均有分布，多生长在海拔1000～2000m的山谷溪流、河滩沙地、渠沟旁边及田埂、潮湿山坡、林缘地带，以甘肃灵台款冬花最为著名，习称“灵冬花”或“灵台冬花”。

目前，款冬花药材来源以人工栽培品为主，甘肃、陕西、内蒙古、河北、山西、重庆的巫溪等地有较大规模栽培，陕西榆林、太白、铜川，河北蔚县，山西广灵和灵丘，甘肃陇西、漳县、渭源，以及内蒙古通辽等地为款冬花主产区。甘肃陇西和河北张家口蔚县是款冬花药材主要集散地。甘肃省在2000年以后，款冬花种植规模有了快速发展，现已在陇西、漳县、通渭、康乐、和政、渭源等县种植，其中2016年陇西款冬花种植面积达到了1000公顷。

款冬花在20世纪50年代以前，主要依赖野生资源供应市场，因资源零星分散，采集困难，年产量在200吨左右，长期紧缺。20世纪60年代初，四川、陕西、山西、湖北、河南开展了人工引种驯化，产区扩大，产量年年上升。70年代起产量猛增，平均年产量800吨以上，最高的1978年达1400吨，形成产大于销，滞销积压多年。20世纪80～90年代，款冬花价格始终不振，价格多在20～30元/千克之间，由于多年低价，主产区种植面积萎缩，市场供应量减少，至21世纪初期，又供不应求，价格上涨，2010年和2011年突破百元大关，2011年上半年最高时达到150～180元/千克，但之后几年，款冬花种植面积逐年递增，由于供应量增大，该品价格一路缓慢下滑，现价格维持在40～60元/千克。

一、种子种茎繁育

款冬种子形态特征为：瘦果长柱形，顶端有冠毛，冠毛丝状，黄褐色，长3～4mm，宽0.5mm。瘦果4月下旬至5月初成熟，花序开裂种子极易飞散，为避免被风吹散宜分次采收。款冬成熟种子发芽率较高，但不宜室温贮藏，在室温条件下，3～4个月丧失发育能力，同时由于种子繁殖植株小，栽培年限长，生产中多采用根状茎繁殖。冬季采收花时，将根茎埋藏于砂土中，留出根茎做种栽。翌年3月中、下旬或冬栽宜在10～11月上旬，春栽从贮藏的根茎中选无病虫伤害的、粗壮的、黄白色的根茎做种栽。过于细嫩的根茎和根茎梢，不宜作种栽。冬栽均采用随收刨随栽种。无论春栽还是冬栽，将根茎截成约7cm的小段，每段保留2～3个节，用湿砂土盖好，以免风干，可随栽随取。

二、栽培技术

（一）选地整地

款冬耐寒、怕热、怕旱、怕涝，喜质地疏松、腐殖质较丰富的微酸性砂质壤土，要选择土层深厚、土壤肥沃、通透性好、湿润且排水良好的砂质壤土。栽培地点应选在海拔1000～2000m，气候凉爽湿润的山坡地、水地，其中低海拔山区宜选阴坡地，高、中海拔山区宜选阳坡低地栽种。款冬忌连作，应选用3年以内未种过款冬的地块，在前作收获之后，土壤深翻25cm以上。栽植前，结合整地，每亩施入腐熟的农家肥2500～3000kg、尿素10kg、普通过磷酸钙40kg、硫酸钾5kg，翻入土中作基肥。深翻后耕细整平，低洼地方可作高畦，并开好排水沟。

不同产地的款冬花质量有差异。通过对河北、湖北、山西、河南、重庆、陕西、四川、甘肃等地款冬栽培品、野生品或饮片中的款冬酮、绿原酸、芦丁和异槲皮苷的含量进行测定后发现，甘肃产款冬中4种成分含量普遍高于其他产地（表3-1）。

表3-1　不同产地款冬中款冬酮、绿原酸、芦丁和异槲皮苷的含量（%）

产地或购买地	部位	款冬酮	绿原酸	芦丁	异槲皮苷
河北蔚县（栽培）	款冬花	0.24	1.93	1.21	0.99
河北蔚县（野生）	款冬花	0.13	1.77	0.83	0.85
湖北武汉（野生）	款冬花	0.07	1.08	0.35	0.11
山西大同（野生）	款冬花	0.14	0.53	0.26	0.06
河南洛阳（野生）	款冬花	0.16	1.79	0.43	0.21
重庆巫溪（野生）	款冬花	0.17	2.46	0.61	0.50
陕西榆林（野生）	款冬花	0.13	2.92	0.69	0.37
四川广元（野生）	款冬花	0.21	2.03	0.82	0.58

续 表

产地或购买地	部位	款冬酮	绿原酸	芦丁	异槲皮苷
甘肃天水（野生）	款冬花	0.22	1.78	0.66	0.29
甘肃灵台（野生）	款冬花	0.32	3.13	1.19	0.74
甘肃平凉（野生）	款冬花	0.27	2.13	0.78	1.02
甘肃陇西（野生）	款冬花	0.46	2.84	1.91	1.64
河南嵩县（饮片）	款冬花	0.26	2.46	0.48	1.05
河南栾川（饮片）	款冬花	0.11	2.87	0.36	0.75
河北阳原（饮片）	款冬花	0.21	2.11	0.65	0.36

（二）繁殖材料

种子款冬花第一年形成花蕾，第二年开花结种，4月份种子成熟，种子千粒重0.07～0.10kg，当年所产的种子在20℃左右容易发芽成苗。款冬种子贮放1年后发芽率急剧下降，甚至丧失活力，因此应采集当年成熟的种子，将果带座摘下，晒干，搓去冠毛，在干燥处保存，翌年播种。

种苗选择新鲜、粗壮、色白、无病虫害的新生根茎。可于秋末冬初采收花蕾后挖起地下根茎放在窖内储存或进行砂藏。

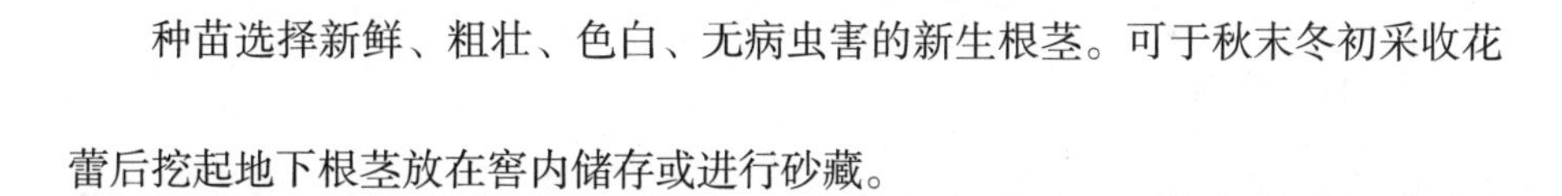

（三）栽植时间

用种子直播在春季进行。用根状茎栽植在初冬、早春两季均可栽种，冬栽于11月下旬常与收获结合进行，随挖随栽；春栽于3月上中旬进行，宜早不宜迟，土壤刚刚解冻时就可移栽，早栽种，早生根。

（四）栽植方法

1. 根茎栽植

款冬主要用根茎繁殖，栽植时，先将根茎剪成长3～5cm，具有2～3个芽的小段，在整好的地块条栽或穴栽。

（1）条栽按行距35～40cm开深6cm左右的沟，按株距25～35cm将根茎段放入沟内，覆土与田面平，稍加镇压。

（2）穴栽行距35～40cm，株距25～35cm挖穴，深8～10cm，每穴分散排放1～2段根茎段，覆土与田面平，稍加镇压。

栽后保持土壤湿润，若土壤水分不足，应先浇水后栽植，或栽后及时浇水，栽后浇水须待水下渗后，用耙子轻轻耧松表土，以防板结。10～15天即可出苗。每亩需种根茎20～25kg。

2. 种子直播

在有灌溉条件或遇连阴雨的时候，方可考虑种子直播。由于款冬籽小苗弱，直播时一定要有遮阴植物和遮阴措施。遮阴植物可选用黄豆、荞麦等，将款冬种子与遮阴植物种子均匀撒在新翻平整后的地表，然后用短齿耙横竖浅耙2～3遍。遮阴植物宜稀疏，黄豆、荞麦等每亩用种1～2kg为宜。播后地表还须撒少许小麦等作物秸秆，既保持地表潮湿，有利于种子发芽，又可为刚出土的幼苗遮阴。直播时每亩用种（带伞毛）50～100g，撒种时应混和一定量的细砂或细土，以保证撒种的均匀。

（五）田间管理

1. 中耕除草

款冬属于耐寒性植物，初春发芽较早，一般3月底至4月初出苗展叶。可于4月中下旬结合补苗，进行第1次中耕除草，此时款冬花根系幼小，中耕宜浅，苗附近的杂草最好用手拔除，防止伤及幼苗和根部；如遇春季干旱，会影响出苗，应浇水1次，以促进款冬花及时出苗和发芽。第2次为6～7月间，苗叶已出齐，此时根系生长发育良好，中耕可适当加深，培土兼拔除高大杂草。此后，地上茎叶生长茂盛，可盖住地面，保持田间无高大杂草即可。

2. 间苗、定苗

待款冬幼苗出齐后，视出苗情况适当间苗，留壮去弱，留大去小，若个别缺苗，可移苗补苗，使株距最终保持在25cm左右，防止因密度过大、田间通风透光不良诱发病害。

3. 追肥

款冬前期不宜追肥，以免生长过旺，后期应进行追肥，在其生长后期（9～10月），可视长势追1～2次肥。每次追肥都应该氮磷钾兼施，尤其应保证钾肥的供应。追肥方法：在株旁开沟或挖穴施入，施后盖土。追肥量：一般视苗情长势亩追尿素5～10kg，普通过磷酸钙15kg，钾肥5～8kg。

4. 培土

为避免款冬花蕾露出地面，要及时进行培土。培土可结合款冬中耕除草和追肥进行，将茎干周围的土培于款冬根部。培土时要注意撒土均匀，每次培土以能覆盖茎干为宜。

5. 疏叶

款冬叶片生长过密易造成通风透光差，影响花芽分化，易染病虫害，应及时疏叶。可在6～8月对长势偏旺、叶片过密的田块，用剪刀从叶柄基部把重叠的叶子、枯黄的叶片或刚刚发病的烂叶剪掉，保留3～4片心叶即可。剪叶时切勿用手掰扯，避免伤害基部，并把清理疏除的叶片带出田间，深埋或晒干后焚烧。

6. 排灌水

款冬喜水，但忌积水，雨季要及时清沟排水，避免受涝；遇干旱天气，要及时进行浇水。

（六）常见病虫害及其防治技术

1. 褐斑病

（1）症状：叶片上面生圆形或近圆形病斑，直径5～20mm，病斑中央略凹陷，褐色，边缘紫红色的病斑，有光泽，病斑边缘明显，较大病斑表面可出现轮纹，高温高湿时可产生黄色至黑褐色霉层，严重时叶片枯死。

（2）病害循环及发展条件：病害由一种长蠕孢菌侵染所致，病菌主要来源于土壤中病残体。越冬病菌在气候条件适宜时即可产生繁殖体，借气流和雨水传播到植株表面，从气孔侵入，也可通过皮孔或伤口侵入。在25～28℃、高湿度条件下，病菌从侵入到发病仅需2～3天。一般病害在高温高湿地区和梅雨季节发病普遍而且严重。此外，雨后突然天晴，温度升高，湿度过大以及地块积水、植株种植过密、肥料不足、植株生长衰弱等，都易诱发此病。一般5月下旬发生，6～7月份最严重，一直延续到秋季末。

（3）防治技术

农业防治：①加强田间管理，实行轮作；②采收后清洁田园，集中烧毁残株病叶；③雨季及时疏沟排水，降低田间湿度；④及时疏叶，摘除病叶，增强田间的通风透光性，提高植株的抗病性。

化学防治：发病前或发病初期喷1∶1∶100波尔多液，或65%代森锌500倍液，或75%百菌清可湿性粉剂500～600倍液，或50%多硫悬浮剂，或70%甲基硫菌灵可湿性粉剂1000倍液，每7～10天喷洒1次，连续喷洒2～3次。

2. 叶枯病

（1）症状：雨季发病严重，发病初期，病叶由叶缘向内延伸，形成黑褐色、不规则的病斑，病斑与健康组织的交界明显，病斑边缘呈波纹状，颜色深，质脆、硬，致使局部或全叶干枯，可蔓延至叶柄，最后植株萎蔫而死。

（2）病害循环及发展条件：该病可由多种病原菌诱发。病菌随病残体在地表越冬，成为翌年的初侵染源，一般在6～8月份雨季发生较重。高温、高湿及积水的田块发病率高。

（3）防治技术

农业防治：同褐斑病。

化学防治：发病前或发病初期，用50%多菌灵600倍液，或70%甲基硫菌灵1000倍液，或75%代森锰锌800倍液，或30%嘧菌酯1500倍液，每7～10天喷洒1次，连续喷洒2～3次。

3. 根腐病

（1）症状　根腐病在款冬生长期间各个阶段都易感染，从出苗到收获的整个生长期间都有死苗现象发生，根腐病引起的大量死苗是限制款冬连作的主要原因。根腐病发病初期款冬在中午叶片略有萎蔫，地下根系部分变褐，其余大多数为白色，维管束呈浅褐色。发病中期款冬叶片翻卷，地下根系有一半左右变褐，其余为白色，维管束呈深褐色。发病后期款冬叶片由下向上枯萎死亡，根系全部变黑死亡，茎基部变黑腐烂，叶柄维管束变黑褐色，最后整个植株枯死。

（2）病害循环及发展条件　有研究表明，灰葡萄孢菌、立枯丝核菌是引起款冬苗期种茎腐烂的主要病原菌，尖孢镰孢菌是款冬根腐病发病盛期时的主要病原菌。遗留在田间的病株残体、带病种茎以及带有病原菌的土壤是款冬根腐病的主要初侵染源。一般在7月下旬（立秋前后）高温高湿季节进入发病盛期，8月底病害减缓。

（3）防治技术

农业防治：①发现病株，及时拔除，并用生石灰对病穴消毒；②其他措施同褐斑病。

化学防治：可用50%的甲基硫菌灵500倍液，或3%恶霉·甲霜水剂700倍液，或30%苯噻氰乳油1200倍液灌根部。

4．菌核病

（1）症状　该病多从植株基部或中下部较衰弱或积水的老黄叶片开始侵染，病部初期多呈水浸状暗绿至污绿色不规则坏死，发病初期不出现症状，后期有白色菌丝渐向主茎蔓延，叶面出现褐色斑点，根部逐渐变褐，潮润，发黄，并发出一股酸臭味。最后根部变黑色腐烂，植株枯萎死亡。

（2）病害循环及发展条件　病菌以菌核或随病残体在土壤越冬，3～4月份气温回升到5～30℃，土壤湿润，菌核开始萌发产生子囊盘和子囊孢子。菌核萌发适宜温度5～15℃，空气湿度达85%以上病害发生严重，65%以下则病害较轻或不发病。一般6～8月高温多湿时发生。

（3）防治技术

农业防治：①中耕培土：在菌核子囊盘盛发期中耕1～3次，可以切断大部分子囊盘；采用培土压埋子囊盘的效果会更好。培土层越厚灭菌作用愈好，但要注意不要影响款冬花的生长。②其他措施同褐斑病。

化学防治：发病初期进行药剂防治，可选用50%多菌灵可湿性粉剂600倍液，或65%甲霉灵可湿性粉剂500倍液，或40%菌核利可湿性粉剂400倍液，每7～10天喷洒1次，连续喷洒2～3次。

5. 锈病

（1）症状　主要为害叶片，病叶上出现明显的锈病孢子，呈褐色，边缘紫红色，严重时，叶片背面密布成片锈孢子堆和夏孢子堆，叶片穿孔，逐渐萎蔫枯死。

（2）病害循环及发展条件　病菌冬孢子随病残组织于地表越冬。翌年条件适宜时萌发侵染，以夏孢子借风雨传播进行再侵染，病害一般在7月发生，阴雨高湿、植株茂密时发病重。

（3）防治技术　农业防治同褐斑病。

化学防治：在发病前或发病初期用15%三唑酮1500倍液，或12.5%的萎锈灵乳油800倍液，或12.5%烯唑醇可湿性粉剂1000～2000倍液，或25%丙环唑乳油，或50%嘧菌酯悬浮剂3000倍液，每7～10天喷洒1次，连续喷洒2～3次。

6. 蚜虫

（1）症状　主要危害叶片和花蕾，成、幼蚜群聚在叶片、花蕾上，以刺吸式口器刺吸汁液，造成叶片发黄、皱缩、卷曲、停滞生长，叶缘向背面卷曲萎缩，严重时全株枯死。夏季干旱时发生较为严重。多发生在6～7月份。

（2）发生规律　主要以棉蚜为害。棉蚜属同翅目，蚜虫科。棉蚜一年可发生20～30代，以卵在花椒、木槿等植物枝条上和夏枯草等杂草的根际处越冬，第二年3月中、下旬平均气温在6℃以上时孵化为干母（以越冬卵孵化出的棉蚜）。在越冬寄主上行孤雌生殖，经2～3代产生有翅蚜，迁飞到款冬等寄主上为害，继续行孤雌生殖达20多代。秋末产生有翅性母蚜，迁回越冬寄主植物上进行胎生，产生无翅有性雌蚜和有翅有性雄蚜，雌雄蚜交尾，产生越冬卵。一年中只有秋末才进行两性生殖，其他季节都是孤雌生殖。棉蚜生殖力强，繁殖速度快，在夏季，若蚜5天内脱4次皮即变为成蚜。一头成熟雌蚜一天能产4～5头若蚜，最多能产18头，一生能可产60～70头若蚜。

（3）防治技术

农业防治：冬季清园，将枯株和落叶深埋或烧毁，消灭越冬虫卵。

物理防治：有翅蚜发生初期，及时在田间悬挂5cm宽的银灰色塑料膜条进行趋避；大田利用黄板诱杀，可用市场上出售的商品黄板，也可自制黄板。自制黄板用60cm × 40cm长方形纸板或木板等，涂上黄色油漆，再涂一层机油，挂在行间，每亩挂30～40块。当黄板粘满蚜虫时，再涂一层机油。黄板放置高度距离作物顶端30cm左右。

化学防治：发生期用0.3%苦参碱乳剂800～1000倍液，或天然除虫菊素2000倍液，或1%蛇床子素500倍液，或10%烟碱乳油杀虫剂500～1000倍液喷雾防治。也可用1.8%阿维菌素乳油800倍液，或10%吡虫啉可湿性粉剂1000倍液，或3%啶虫脒乳油1500倍液交替喷雾防治。

7. 蛴螬

（1）症状　主要以幼虫为害。幼虫啮食款冬幼苗，咬断幼苗根茎，致使植株死亡，严重时造成缺苗断垄。

（2）发生规律　蛴螬是金龟子幼虫的总称，属鞘翅目、金龟科。蛴螬长期生活在土中，常受土壤温度的影响而作季节性的上下移动。冬季在土壤较深处越冬（最深可达110cm），春季3月底4月初，随着气温的回升，开始上升到土壤浅层危害。夏季高温时又向深层移动，秋凉时又上升危害。北方以东北大黑鳃金龟、暗褐鳃金龟、铜绿丽金龟等发生最为普遍。

东北大黑鳃金龟二年发生1代，以成虫和幼虫交替越冬。成虫在每年春季4月份出土为害，幼虫为害盛期在7月下旬至10月中旬。越冬成虫5月中旬开始产卵，盛期为6月上旬至7月下旬，产卵期长达2～3个月。每头雌虫平均可产卵190余粒，卵经两星期左右孵化为幼虫，孵化盛期约在6月下旬至7月中旬。

10～11月以2、3龄幼虫越冬。越冬幼虫第二年4月中旬开始上升到耕作层危害作物。6月上旬化蛹，6月下旬开始羽化为成虫。当年羽化的成虫不出土，在原化蛹处越冬。成虫寿命很长，白天潜伏在土壤内，黄昏在地上部活动。具假死性，雌成虫无趋光性，雄成虫有趋光性。成虫取食林木、果树及多种农作物的叶片，并在低矮植物上交尾，产卵于土中。

暗黑鳃金龟一年发生1代，以3龄幼虫及少数成虫在地下20～40cm处越冬，5月中旬化蛹，6月上旬见卵，7月中旬为产卵盛期。6月下旬开始出现幼虫，危害地下根茎。9月间幼虫发育至3龄，陆续到土壤深处越冬。成虫飞翔力强，有趋光性和假死性。成虫有群集取食习性。

铜绿丽金龟一年发生1代，以幼虫越冬。3月下旬至4月上旬越冬幼虫开始活动为害，5～6月化蛹，5月下旬至8月上旬羽化为成虫，7～9月为幼虫为害盛期，10月以三龄幼虫越冬。

（3）防治技术

农业防治：①入冬前将地块深耕多耙，杀伤虫源，减少幼虫基数。②合理施肥。施用充分腐熟的有机肥，防止招引成虫飞入田块产卵。③浇灌整田。土壤含水处于饱和状态时，可影响虫卵孵化和低龄幼虫成活；及时清除田间及地边杂草，消灭虫类的栖息场所，可有效控制成虫数量。

物理防治：利用成虫的趋光性，在其盛发期用黑光灯诱杀成虫，一般每50

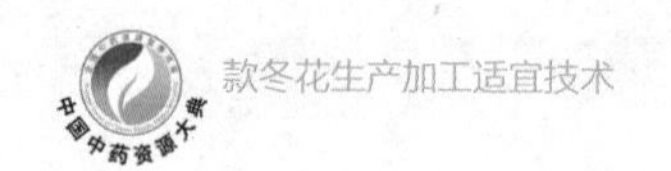

亩安装一台黑光灯。

化学防治：①毒土防治：用5%毒死蜱颗粒剂，每亩用0.6～0.9kg，加细土25～30kg，或用3%辛硫磷颗粒剂3～4kg，混细沙土10kg制成毒土，在播种或栽植时将毒土均匀撒施田间后浇水。②药剂灌根：在蛴螬发生较重的田块，用50%辛硫磷乳油1000倍液，或80%敌百虫可湿性粉剂800倍液，或25%西维因可湿性粉剂800倍液灌根，每株灌150～250ml。

三、栽培技术的现代研究

1. 施肥的相关研究

随着野生款冬花资源的日益减少，人工栽培面积逐渐增大，而选择科学合理的施肥配比量，是保证人工栽培款冬花高产优质的重要措施之一。

张兴俊研究了氮磷肥施用量对款冬植株性状及产量的影响。采用正交实验研究不同配比的氮磷肥对款冬株高、花蕾数、花蕾鲜产量的影响。结果显示，在甘谷县南后山阴湿地区氮、磷肥配施对款冬花植株性状及花蕾产量有一定的影响，其中以施氮300kg/hm^2、P_2O_5 40kg/hm^2时株高最高，花蕾数最多，折合鲜产量最高，较不施肥处理增产45.16%；其次为施氮150kg/hm^2、P_2O_5 40kg/hm^2，折合鲜产量较不施肥处理提高36.42%。

刘毅研究了施肥量对款冬花产量与质量的影响。对单一肥效（包括底肥、

N、P、K等），因子施肥、生长调节剂等做了研究。单一肥效采用氮肥（尿素）、磷肥（过磷酸钙）、钾肥（氯化钾）、堆肥四种材料。结果显示，款冬花的粒数、粒重与肥料的种类、数量密切相关，施有机肥与不施有机肥有显著差异，当施有机肥，且化肥的施用量大的时候，款冬花的粒数最多粒重最重，当施有机肥，且化肥的施用较小的时候，款冬花的小区产量最大。说明有机肥能显著增加款冬花的粒数、粒重与产量。

2. 栽培方式的研究

前人研究表明，地膜覆盖平作和垄膜沟种等种植方式均能明显地改善农田土壤水温生态条件，促进作物生长发育，提高作物产量。车树理等人将平畦覆膜栽培、小高畦覆膜栽培、双垄全覆盖沟栽3种地表覆膜栽培方式与常规露地种植方法进行了产量比较。结果表明，平畦覆膜、小高畦覆膜、双垄全覆盖沟栽等3种栽培方式均可促进款冬花蕾数的增多和花蕾粒径的增大，平畦覆膜栽培产量略低的原因与秋后的排水不畅，病害较重有关，双垄全覆盖沟栽产量最高，不仅与本身的集流效果最佳有关，同时还与有效地抑制土壤水分蒸发，最大限度地保蓄了土壤水分有关。双垄全覆盖沟栽不仅能有效地解决春季降雨稀少、春旱无法播种出苗、苗期水分不足等瓶颈问题，而且在秋后多雨季节还有利于排水和行间培土。

3. 组织培养研究

以款冬叶片为材料，进行愈伤组织诱导与分化，不定芽生根，试管苗的生根继代、移栽和定植的研究。结果表明：MS+6-BA 1.0mg/L+NAA 0.1mg/L是叶片愈伤组织诱导培养的最佳培养基；MS+6-BA 3.0mg/L+NAA 3.0mg/L是愈伤组织分化培养的理想培养基；1/2MS+NAA 0.5mg/L+活性炭0.05%是不定芽根培养的理想培养基。

以款冬根状茎为外植体，将其接种于MS+6-BA 2.0mg/L+NAA 0.1mg/L诱导培养基上，培养30天后形成愈伤组织，增殖培养后分割，在MS+6-BA 2.0mg/L+NAA 0.2mg/L分化培养基上诱导茎、叶、根的分化形成试管苗；带节根状茎段在分化培养基上培养，由茎节处萌发新枝，20～30天后形成丛生苗，分割后于0.5MS+NAA 0.1mg/L+30g/L蔗糖+7g/L琼脂+1.5g/L活性炭生根培养基上培养，可长成具有不定根的试管苗。通过诱导愈伤组织和丛生苗两条途径均可快速繁殖款冬的试管苗，试管苗经过“炼苗”后移栽，生长良好，这对人工栽培解决款冬“种苗”及其开发利用有重要的实用价值。

以款冬幼嫩叶柄为材料，研究植物生长调节剂对其离体培养与植株再生的影响，并采用薄层色谱法和高效液相色谱法对组培和野生款冬中的有效成分及其含量进行测定。结果表明：适合愈伤诱导的培养基为MS+6-BA 3.0mg/L+2，4-D2.0mg/L，诱导率96.2%；在培养基MS+ZT 2.0mg/L+NAA 0.3mg/L上芽苗分化效果较好，分化率91%，平均芽数8.26个；较佳的不定芽增殖培养基为MS+KT 1.0mg/L+IBA 0.3mg/L，增殖倍数为11.81，平均苗高4.9cm；生根培养

基为1/2MS+IBA0.2mg/L，生根数平均为5.68条，生根率为95.22%以上；瓶苗移栽于河沙与有机肥3：1的基质中生长良好，成活率达90%以上；大田试验表明：同等栽培条件下款冬组培株、栽培株和野生株在生长量与花粒产量等方面存在显著差异，以组培株生长量与花粒产量相对较高。组培品与野生品有效成分含量基本一致。

四、采收与产地加工技术

（一）采收

款冬花是采收未出土的花蕾。采收季节在栽培当年的10月下旬至11月上旬。掌握在花蕾已破土而未出土，苞片显紫色时采收。过早，因花蕾还在土内或贴近地面生长，不易寻找；过迟，花蕾已出土开放，质量降低，不易再做药用。采收时，将植株与根茎全部刨出，将花蕾从茎基部连同花梗一起采下，轻轻放入筐内，注意不能挤压。将根茎仍然埋入地下，以待来年采挖栽种，或将根茎收后窖藏或沙藏，以等来年栽种。花蕾上若带有少量泥土，不要用水冲洗揉擦，同时避免花蕾遭受雨露霜雪淋湿，否则会使花蕾颜色变黑。一般每亩可收干燥花蕾50kg左右，高产可达70～80kg。

（二）加工

采收的鲜花蕾薄摊于通风干燥处晾干，在晾的过程中不要用手随便翻动，经3～4天水分晾干后，筛除泥土杂质，除尽花梗，再晾晒至全干。如遇连续阴天，可用无烟煤作燃料，在炕房内在40～50℃的温度下烘干，前期温度不宜过高，待花蕾变软后再缓慢升温至最佳温度，烘时花蕾摊放5～7cm厚即可，不可摊放过厚，且烘干过程中不要翻动，防止外层苞叶破损，影响产品外观和质量。待款冬花蕾4～5成干时，可进行“发汗”。“发汗”是将款冬花堆放到室外（防雨淋），堆放厚度约为35cm,“发汗”时间视情况而定，湿度较高时为8小时，湿度较低时为12小时，待款冬花蕾表面回潮，或表面起露水珠，即可。目的是让款冬花蕾内部水分渗透出来和款冬花蕾表面湿润，以免使干燥过程中款冬花蕾表面部分破碎。“发汗”后继续晒干、阴干或烘干，若烘干，温度不宜过高，一般控制在40～50℃，至全干即成。

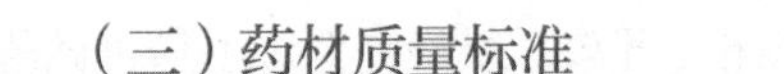

（三）药材质量标准

以个大、肥壮、色紫红、花梗短者为佳。木质老梗及已开花者不可供药用。

（四）包装、贮藏与运输

款冬花一般用内衬防潮纸的瓦楞纸箱包装，或用木箱包装，内部垫纸，并放置木炭几条，以吸收水分，然后严密封闭，可保持颜色不变。再置阴凉、干燥、避光处储存，温度28℃以下，相对湿度65%~75%。商品安全水分10%~13%。内包装材料易选用聚乙烯无毒制品。

款冬花易虫蛀、发霉、变色，本品最易受潮引起发霉变色。在高温多湿情况下易生虫发霉。发霉后，表面显不同颜色霉斑，严重时，萌发大量菌丝并结成坨块引起发热，由紫红色或淡红色变得黯淡灰黄；若贮存稍久，则易褪色；若因采集后未干透而变霉，则变成黑色者不宜药用。本品亦是最易虫蛀的花类药材。在夏季，最易生虫，危害的害虫有印度谷蛾、一点谷蛾、咖啡豆象、鳞毛粉蠹、双齿谷盗、日本蛛甲等20余种。若生霉生虫，要及时晾晒，或用药物熏之，采用密封充氮降氧养护。仓贮期间应定期检查，发现虫蛀、霉变、鼠害等及时采取措施。要经常检查，5月份可翻晒一次，以防止内部发热、吸湿、霉蛀及变色等。其安全水分在12% ～15%，相对湿度75%以下未见生霉。

包装应记录品名、批号、规格、重量、产地、采收日期，并附有质量合格标志。有条件的产地应注明农药残留、重金属含量分析结果和有效成分含量。包装好的款冬花药材及饮片应及时贮存在清洁、干燥、阴凉、通风的专用仓库中，储存期不宜过长，随采随送，先进先出，并定期测量商品温度，若受潮发热，应迅速晾晒或置通风处降温。高温多湿季节，适用薄膜袋小件密封抽氧充氮保存；或用薄膜将货垛密封，抽氧充氮。虫害严重时，用磷化铝或溴甲烷熏蒸，时间不宜过长。

（五）款冬花采收和加工现代研究

1. 采收时间研究

适期采收是保障款冬花药材质量的主要因素之一。在甘肃陇西栽培基地2013年10月至2014年1月不同采收期共12批款冬花样品中，通过对款冬酮、绿原酸、芦丁、异槲皮苷4种成分的动态分析，以款冬酮为主要检测指标可知，甘肃陇西产款冬花11～12月药材质量较佳。款冬酮含量的变化从10月到11月逐步升高，11月份达到最高值，11月到次年1月开始逐步减少；绿原酸、芦丁和异槲皮苷的含量从10月到12月逐步升高，12月份达到最高值，12月到次年1月开始逐步减少。根据《中国药典》中规定的评价指标款冬酮来看，甘肃陇西产款冬花11～12月药材质量较佳。从款冬花产量性状来看，立冬后土未封冻前是款冬花的最佳收获时节，这与陇西传统款冬花采收期相符（表3-3）。此时款冬花地上部分已经枯萎死亡，花芽已分化完毕且停止生长，花蕾的含水量少，产量较高。若采收过早，因花蕾还完成生长，其苞片未呈紫色（白色），影响产量和品质；若过迟，土已封冻，不便采收。到第二年土壤解冻后采挖（2月中下旬），则已有部分（每株约有一个花蕾）开放，影响款冬花品质。

表3-2　甘肃陇西基地不同采收期款冬花中款冬酮、绿原酸、芦丁和异槲皮苷的含量（%）

采收时间	款冬酮	绿原酸	芦丁	异槲皮苷
2013.10	0.11	3.19	0.94	0.49
	0.14	2.97	0.89	0.46
	0.13	3.22	0.91	0.47
2013.11	0.36	2.84	1.91	1.64
	0.44	2.77	1.98	1.76
	0.42	2.89	1.94	1.69
2013.12	0.21	3.60	1.88	1.43
	0.19	3.88	1.78	1.35
	0.21	3.98	1.76	1.38
2014.1	0.07	3.36	0.33	0.01
	0.06	3.54	0.36	0.01
	0.07	3.46	0.39	0.02

表3-3　不同采收时间对款冬花单株性状和小区产量

采收时间	全株鲜重/g	款冬花鲜重/g	粒数	每粒花重/g	款冬花所占生物量比例/%	小区产量/kg	折算产量/kg
11月	108.5	32.4	53.5	0.548	25.2	2.48	0.31
12月	110.3	34.2	56.8	0.587	27.6	2.75	0.44
2月	107.8	35.1	53.9	0.561	26.8	2.82	0.27
3月	90.7	26.9	41.2	0.547	22.8	2.54	0.18

2. 加工方法研究

花蕾采后立即薄摊于通风干燥处晾干，经3～4天，水分挥干后，取出筛去泥土，除净花梗，再晾至全干即成。遇阴雨天气，用木炭或无烟煤以文火烘干，温度控制在40～50℃。烘时，花蕾摊放不宜太厚，5～7cm即可。时间也

不宜太长，而且要少翻动，以免破损外层苞片，影响药材商品品质。有研究表明，款冬花直接用硫磺熏后，经过烘炕、晾晒再复炕，花蕾饱满，色泽鲜艳，且易于保存；水洗后款冬花干缩瘦小，容易腐烂。

有研究对款冬花分别采取直接硫熏、水洗硫熏、蒸透、水洗等方法处理，然后分别同时进行炕干、阴干、晒干和堆放试验，考察款冬花的优质品率。结果显示，款冬花产地加工最佳方法为硫熏干燥法，具体方法为：鲜冬花→硫熏→烘炕→晾晒→复炕干燥。

款冬花在土中多为紫红色或粉红色，少数为白色，出土后因光照作用产生叶绿素，苞片由紫红色变为青绿色，叶绿素在加热条件下发生氧化、干后为黑褐色。传统炕干法只是使这一色素变化过程加快，所得干品多为黑褐色，部分花蕾因快速加热失去生命活性，没有或很少产生叶绿素，呈现紫红色或粉红色。快速终止鲜冬花生命活性，防止霉烂、变色乃提高款冬花产地加工质量的关键。硫熏法乃中药材的传统加工方法，在许多药材加工中用以防霉、防腐、杀虫和漂白。硫熏处理能快速终止鲜冬花细胞生命，因其漂白作用而使花色变白。经炕干—晾晒—复炕后，SO_2挥发，漂白作用消失，花蕾从白色逐渐转为紫红色或粉红色。

五、款冬花的炮制技术

款冬花从南北朝刘宋时期开始采用甘草水浸、炒、焙及蜜水拌炒等方法进行炮制。现代多沿用蜜炙法。款冬花蜜炙的原意，明代《本草通玄》中有较明确的记载，认为“可治久咳”；各地方炮制规范中收载的也大多是生款冬花和蜜款冬花。《中国药典》2015年版收载有生款冬花和蜜款冬花。

蜜款冬花的炮制方法：取炼蜜，加适量开水稀释，淋入净款冬花内拌匀，闷润，置炒制容器内，用文火加热，炒至微黄色、不黏手时，取出晾凉。款冬花每100kg用炼蜜25kg。蜜款冬花形如款冬花，表面棕黄色有焦斑，具光泽、略带黏性，味甜。蜜炙后药性温润，能增强润肺止咳的功效。多用于肺虚久咳或阴虚燥咳。

蜜炙款冬花所用的蜂蜜应先炼制，使其纯净，这样可避免蜂蜜上稀下稠、冬天析出结晶等现象，便于久贮。所选蜂蜜应含水分少，有油性，稠如凝脂，用木棒挑起时蜜汁下流如丝状不断，且盘曲如折叠状，味甜不酸，洁净无杂质者。

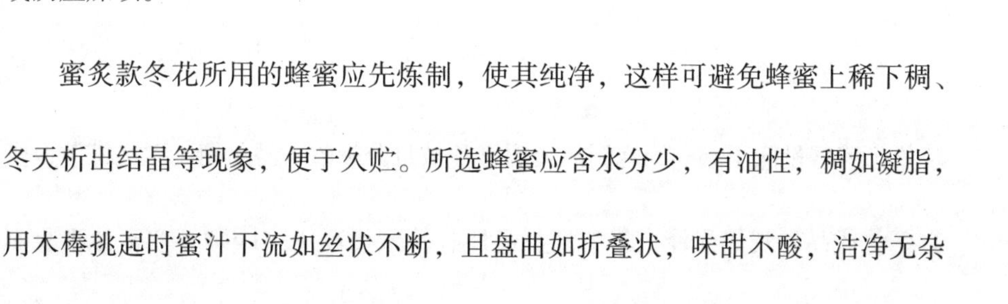

1. 炼蜜

中药炮制所用蜂蜜应是加工炼制后的蜂蜜，其炼制方法为：取蜂蜜10kg置锅中，加清水约12kg，加热煮沸，趁热用三层纱布过滤，除去杂质，滤液再置锅中煮沸，使水分蒸发，炼至起鱼眼泡时（此时测定蜂蜜相对密度在1.349以上）即取出装入容器中备用。经此法炼制的蜂蜜质纯净，久贮不变质，冬季无结晶析出。

2. 闷润

先取款冬花置直径为0.5cm的孔筛中，除去泥沙及灰屑杂质，挑去残梗，称量后置容器中备用。按照每100kg款冬花用炼蜜25kg的比例量取炼蜜，置于洗净的炒药锅内，加入定量开水（为炼蜜的50%）使稠蜜变成稀薄的蜜汁，炼至蜜汁沸腾起泡时离火，将款冬花倒入锅内，用铁铲迅速翻动搅拌，使蜜汁均匀黏附于款冬花表面，出锅置容器中放置3～5小时闷润。闷润时间短，蜜汁不易充分浸润到药材组织内部去；闷润时间过长，易使药材产热变质，闷润为保证蜜炙款冬花质量的关键步骤。

有研究报道每100kg款冬花用炼蜜的最佳用量为35kg，因款冬花药材质地疏松，炼蜜量低于35kg则炮制品会因蜜汁被过分吸收，易焦糊，握之松散，蜜款冬花成品外观无光泽，影响药材品质；炼蜜量高于35kg则导致蜜汁吸收不尽，黏性强，糖分大，炮制品易结团，难以干燥，蜜款冬花潮解后易生霉菌，影响疗效。

3. 炒制

将经蜜汁拌匀闷润好的款冬花取出后置炒药锅内，用文火炒制，使水分充分蒸发至药材表面呈棕黄色或棕褐色，用手摸之不黏手，握之不成团，出锅摊开晾凉即成。蜜炙时要掌握好火候，用文火炙的时间可稍长，尽量将水分除去，同时勤翻动炒拌，避免焦化。蜜炙的款冬花成品应色泽鲜亮，味微甜，久贮不易返潮。

为控制饮片的质量，现代也有用烘法代替传统的炒法炮制蜜炙款冬花。将经蜜汁拌匀闷润好的款冬花铺于方盘中，厚度应严格控制在3cm以内，置调温式电烘箱内，将温度控制在85℃左右，烘烤约25分钟，至款冬花已显微黄色，且不黏手时取出晾凉即可。

款冬花味辛、微苦，性温。归肺经。具有润肺下气，止咳化痰的功能。生款冬花长于散寒止咳，多用于风寒咳喘或痰饮咳嗽。蜜炙后药性温润，能增强润肺止咳的功效。多用于肺虚久咳或阴虚燥咳。

第4章

款冬特色适宜技术

一、概述

通过秋覆膜、早春顶凌覆膜，为款冬的出苗提供了良好的土壤墒情，同时覆膜还可起到保水、调节土壤温度和防治杂草等作用。通过该技术可将款冬种植区域由向阳较暖沟帮地，扩展到半干旱区域。

二、技术要点

1. 整地作畦和覆膜

选择土壤肥沃、结构良好的砂质壤土，栽前结深耕施入基肥，耙细整平后作畦，一般畦宽60～90cm、畦沟宽30cm，畦高8～10cm、每畦栽植3～4行。作畦后可用无色透明膜或黑色地膜覆盖在畦上，覆膜后每隔3～5m横压土腰带，以防大风揭膜。可在秋季覆膜（11月上旬至土壤封冻前）或早春顶凌覆膜（随大地解冻极早覆膜）。

2. 移栽

秋栽于11月下旬进行，春栽于4月上旬。选择粗壮多毛、色白无病虫害的根状茎做种茎，先剪成5～10cm长的小段，每段上以具有2～3芽节，然后在整好的畦面上进行穴栽。栽植行距30cm左右，株距20～30cm，穴深5～6cm，每穴栽入种根2～3段，散开排列，栽后随即覆土盖平。为防板结可在穴口可覆干净的河砂，先栽后覆膜的出苗后要注意放苗。

3. 追肥

基肥充足时一般不追肥，以免前期生长过旺，基肥不足缺肥时可在8～9月叶面追施2g/kg尿素溶液或4g/kg磷酸二氢钾溶液，或在两株之间用小铲挖6～8cm深的坑，每亩直接埋入尿素10kg。以根外追肥为好。

第5章

款冬花药材质量评价

一、本草考证与道地沿革

传统用药经验对款冬花质量判断的主要依据是产地和外观性状特征，如《名医别录》记载“生常山山谷及上党水傍”;《本草经集注》云：“第一出河北，其形如宿莼，未舒者佳，其腹里有丝。次出高丽、百济，其花乃似大菊花。次亦出蜀北部宕昌，而并不如。其冬月在冰下生，十二月、正月旦取之”。常山（现河北石家庄一带）、上党（现山西长治一带）、高丽百济（现韩国全州）、蜀北部宕昌（现甘肃宕昌一带）等这些产地的记载与今天的款冬花产地基本一致。《金世元中药材传统鉴别经验》指出款冬花分为紫花、黄花2种，以紫花为优，色淡红或发黄、外表紫黑者次之，木质带梗或已开花者不可入药。

款冬花在我国甘肃、山西、陕西、河南、河北、湖北、四川、重庆、内蒙古、新疆、青海、西藏等地均有分布，多生长在海拔1000～2000m的山谷溪流、河滩沙地、渠沟旁边及田埂、潮湿山坡、林缘地带，以甘肃灵台款冬花最为著名，习称“灵冬花”或“灵台冬花”。目前，款冬花药材来源以人工栽培品为主，甘肃、陕西、内蒙、河北、山西、重庆的巫溪等地有较大规模栽培，陕西榆林、太白、铜川，河北蔚县，山西广灵和灵丘，甘肃陇西、漳县、渭源，以及内蒙古通辽等地为款冬花主产区。甘肃陇西和河北张家口蔚县是款冬花药材主要集散地。

1. 甘肃

甘肃是款冬花药材的主产区之一。甘肃款冬花具有产量大、质量优的特点。尤其灵台县所产冬花质量最佳，个大、色紫、质地肥厚，素有“灵冬花”之称。20世纪80年代，款冬花就开始了由野生改家种的栽培试验，1996年陇西县宝凤乡引种成功，随后逐步推广，2000年以后得到了快速发展。现已在陇西、漳县、武山、宕昌、渭源、临洮、康乐、和政、东乡等20多个县种植，面积有66.7公顷。

甘肃省地处黄土高原、内蒙古高原和青藏高原交汇处，整体地貌为山地型高原，主体海拔高度1000～2000m。甘肃省深居内陆，具有明显的向大陆性气候过渡的特征。主要为暖温带、温带半干旱、干旱气候，兼有少数亚热带、暖温带湿润、半湿润区及部分高寒气候区。年平均气温0～15℃。全省各地年降水量在36.6～734.9mm，大致从东南向西北递减，乌鞘岭以西降水明显减少，陇南山区和祁连山东段降水偏多。受季风影响，降水多集中在6～8月份，占全年降水量的50%～70%。全省无霜期各地差异较大，陇南河谷地带一般在280天左右，甘南高原最短，只有140天。海拔多数地方在1500m到3000m之间，年降雨量约300mm（40～800mm之间）。

栽培品款冬花主要集中在陇西、漳县、通渭、康乐、和政、渭源几个县，在陇西县的宝凤乡、东梁、文峰等都有款冬花种植基地，占全省种植面积的50%，

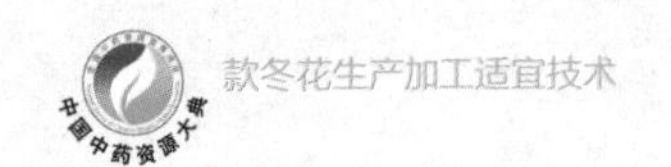

而且家种款冬花产量很高，据当地药农介绍，产鲜品量达4500～6000kg/hm^2。秦安、清水、甘谷、武山、岷县等也有不等的小面积种植。

2. 河北蔚县

陈家洼乡下元皂村是蔚县最早引种款冬花成功的地方，也是整个河北款冬花的货源集散地和信息中心。但根据实地的走访考察，仅实验性的种植有50亩的款冬花药材。蔚县的款冬花种植集中分布在柏树乡、西合营、暖泉等乡镇，但种植面积都不大，其中柏树乡永宁寨村有500亩，西合营横涧村300亩，根据蔚县中药材种植办公室提供的数据，全县2014年款冬花种植总面积约为0.5万亩，大多分布在小五台山地区水土条件好的乡镇（如柏树乡、草沟堡乡）和壶流河沿岸的暖泉、西合营等乡镇，除了个别稍大规模的集中种植外，大多为零散种植。

蔚县属暖温带大陆性季风气候。由于高低悬殊，立体气候明显。其主要特点是：夏季凉爽、秋季气候多变。蔚县各地年降水量在380.0～682.7mm之间。降水量最多的是东部的小五台山地区，在580～700mm，最少的是中北部壶流河两岸的河川地区，在380～430mm，南部山区降水量在530～580mm之间。蔚县气温分布总的趋势是随海拔高度的增加而递减。年平均气温在6.8～7.6℃之间。壶流河谷地区年平均气温最高，南北山区次之，小五台山区最低。

二、药典标准

药典规定款冬花为菊科植物款冬*Tussilago farfara* L.的花蕾。在12月花尚未出土时挖取花蕾，不宜用手摸或水洗，以免变色，置通风处阴干，待半干时筛去泥土，去净花梗，再晾至全干备用。

1. 性状

未开放的头状花序呈不规则短棒状，单生或2～3花序基部连生，俗称“连三朵”，长1～2.5cm。上端较粗，下端渐细或带有短梗，外面被有多数鱼鳞状苞片；苞片外表面红紫色或淡红色，内表面密被白色絮状茸毛。体轻。撕开后可见白色丝状绵毛；舌状花及筒状花细小，长约2mm。气香，味微苦、辛，带黏性，嚼之呈绵絮状。气香，味微苦而辛。

以个大、肥壮、色紫红、花梗短者为佳。木质老梗及已开花者不可供药用。

2. 鉴别

本品呈长圆棒状。单生或2～3个基部连生，长1～2.5cm，直径0.5～1cm。上端较粗，下端渐细或带有短梗，外面被有多数鱼鳞状苞片。苞片外表面紫红色或淡红色，内表面密被白色絮状茸毛。体轻，撕开后可见白色茸毛。气香，味微苦而辛。

三、质量评价

（一）款冬花的真伪鉴定

款冬花呈长圆棒状，单生或2～3个基部连生，长1～2.5cm，直径0.5～1cm。上端较粗，中部稍丰满，下端渐细或带有短梗，外面被有多数鱼鳞状苞片。苞片外表面紫红色或淡红色，内表面密被白色絮状茸毛。体轻，撕开后可见白色茸毛。气香，味微苦而辛。

1. 款冬花显微鉴定

（1）组织构造　①非腺毛较多，极长，1～4细胞，顶端细胞长，扭曲盘绕成团，直径5～17μm，壁薄。②腺毛略呈棒槌形，长104～216μm，直径16～52μm，头部稍膨大呈椭圆形，4～6细胞；柄部多细胞，2列（侧面观1列）。③冠毛为多列性分枝状毛，各分枝单细胞，先端渐尖。④花粉粒淡黄色，类圆球形，直径28～40μm，具3孔沟，外壁较厚，表面有长至6μm的刺。⑤花粉囊内壁细胞，表面观呈类长方形，具纵向条状增厚壁。⑥苞片表皮表面观，细胞呈类长方形或类多角形，垂周壁薄或略呈连珠状增厚，具细波状角质纹理；边缘的表皮细胞呈绒毛状。气孔不定式，副卫细胞4～7个。⑦筒状花冠裂片，边缘的内表皮细胞类长圆形，有角质纹理，近中央的细胞群较皱缩并稍突起。⑧柱头表皮细胞，外壁突起呈乳头状，有的分化成短绒毛状，壁薄。⑨花序轴厚壁细胞长方形，直径17～28μm，长约95μm，壁厚4～6μm，微木化，具斜纹孔。⑩分泌细胞，存在于薄壁组织中，类圆形或长圆形，含黄色分泌物。⑪粉末用冷水合氯醛液装片，可见菊糖团块呈扇形。

（2）粉末特征　①花粉粒黄色，类球形，外壁较厚，具粗齿，齿长3～7μm，具3个萌发孔。②T形毛大多碎断，顶端细胞长大，长375～525μm，直径30～40μm，基部细胞较小，2～5个。③无柄腺毛鞋底形，4～6个细胞，两两相对排列，外被角质层。④花冠表皮细胞垂周壁波状弯曲，平周壁有粗条纹；气孔长圆形，直径26～38μm，长47～58μm，副卫细胞3～6个。⑤花粉囊内壁细胞呈网状或条状增厚。

2. 易混淆品种

蜂斗菜叶基生，叶柄肉质，叶片肾圆形，阔大，宽约1530cm，头状花序，伞房状排列；花雌雄同株，雌花白色，雄花黄白色，花茎可高达45cm。本品呈黄白色，花具有长柄，不成“连三朵”。撕开花头断面呈黄色，无白色絮状丝，味苦辛凉。

（二）款冬花的规格等级

1. 一等干货

药材含水量不超过7%。呈长圆形，单生或2～3个基部连生，苞片呈鱼鳞状，花蕾直径≥0.8cm，个头均匀。色泽鲜艳。表面紫红或粉红色，体轻，撕开可见絮状毛茸。气微香，味微苦。黑头不超过3%。花柄长度不超过0.5cm，花梗重量占比≤3%，无开头、杂质、虫蛀及霉变。

2. 二等干货

药材含水量不超过9%。呈长圆形，苞片呈鱼鳞状，花蕾直径≥0.6cm，不均匀，表面紫褐色或暗紫色，间有绿白色。体轻，撕开可见絮状毛茸。气微香，味微苦。开头、黑头不超过10%，花柄长度不超过1cm，花梗重量占比≤20%，无杂质、虫蛀及霉变。

3. 三等干货

药材含水量不超过10%，花蕾直径≥0.5cm，颜色略带红色，有青紫色花蕾，花梗较长，大于1cm。

统货加工后未经分级，各种花蕾均有。

（三）款冬花现代质量评价标准

作为传统中药，款冬花在临床上应用广泛，为市场上常用中药品种。款冬花主要含萜类、黄酮和生物碱类化学成分，其他还有精油、有机酸类、丙氨酸、甘氨酸、无机元素等。但目前为止，款冬花药材在《中国药典》2015年版中尚未建立款冬花指纹图谱或特征图谱，且只测定款冬花中的单一成分款冬酮。

除了款冬酮外，款冬花中还含有大量的黄酮、多糖、有机酸类化学成分，其药效的发挥可能是多组分共同作用的结果，单个或几个指标成分的测定只能反映个别成分量的差异，不能从整体上反映药材之间的质量差异状况。

指纹图谱技术作为一种对多组分、化学成分复杂样品的有效质量控制方法，能够反映出待测样品的整体性、特征性，目前已被广泛用于中药及其制剂的质量评价。有研究采用二元梯度洗脱模式，建立了款冬花药材HPLC化学成分指纹图谱分析和定性质量评价方法。不同来源款冬花样品中化学成分得到了很好的分离鉴定，确定了款冬花药材指纹图谱中的25个峰为共有特征色谱峰，并采用国家药典委员会颁布的“中药色谱指纹图谱相似度评价系统”（2004 B版）软件，对不同产地和商品药材款冬花质量进行了定性质量评价。有研究建立了款冬花中黄酮醇苷类成分指纹图谱，为款冬花质量评价提供依据。高效毛细管电泳（HPCE）由于具有高效、快速、进样体积小、溶剂消耗少、抗污染能力强及分离模式多和适用范围广等特点，在中药有效成分分析方面显示出一定的优势；在中药指纹图谱研究方面，HPCE由于其具有其他色谱技术不具备的高分离效率，相对短的出峰时间及谱峰容量大等优势，越来越多地应用于中药的质量评价中。有研究建立了款冬花的HPCE指纹图谱，确定了26个共有峰并指认了6个峰，为款冬花的质量控制提供依据。有研究采用胶束毛细管电泳模式对款冬花甲醇提取物中的款冬酮进行了检测，并开展了黄酮类、有机酸类等多种有效成分的HPCE同时测定研究，优化了影响电泳分离的主要参数，获得了款冬花甲醇

提取物的最优分离条件，实现了款冬花中多种成分的同时在线检测。

中药作为一个混合的复杂体系，其成分极多，且理化性质各不相同，而常用的色谱技术的分离原理都是基于分离对象的理化性质。因此，往往单用一种色谱方法或条件无法全面准确的反映出药物的内在质量。据此，将色谱良好的分离能力与光谱或波谱特有的结构鉴别能力相结合，并借助近年来发展起来的化学计量学技术和已有的光谱波谱准库，可以对分析对象有一个更全面、更准确的认识。HPLC-MS、GC-MS、UPLC-TOF-MS等联用技术的应用，使中药的质量评价体系更趋完善。有研究应用超高效液相色谱仪联用四级杆串联飞行时间质谱仪（UPLC-Q-TOF-MS）在正负离子模式下分离分析款冬花药材甲醇提取物成分。结合UPLC-Q-TOF-MS提供的化合物准确相对分子质量共鉴定款冬花提取物中34种化合物，包括萜类12种、黄酮类8种、酚酸类7种、苯并吡喃类化合物2种、苯并呋喃类1种、脂肪酮类1种和生物碱3种。该方法为款冬花的质量控制及临床的合理应用提供了理论依据，为阐明其药效物质基础提供参考。

款冬花化学成分复杂，有限的指标成分和大类成分无法全面表征款冬花的化学差异。植物代谢组学技术可对植物提取物中代谢组进行无差别代谢成分全分析的高通量分析，近年来已经成功的用于多种中药的质量分析，它不仅可以反映不同样品之间的相似性，而且可以确定不同样本的差异性，为中药质量控制提供了一种有别于指纹图谱的整体性分析方法。有研究基于核磁共振（NMR）的代谢组学技术同时结合微阵列分析及Spearman rank相关分析对不同性状款冬花即款冬紫色和黄色花蕾的化学组成进行比较分析。主成分分析结果显示，款冬花紫色花蕾和黄色花蕾化学组成明显不同，说明在款冬花紫色花蕾和黄色花蕾中代谢产物的含量存在差异。然后进行有监督的OPLS-DA分析，通过S-plots图和 t 检验确定了差异显著的化合物，结果显示，苏氨酸、脯氨酸、磷脂酰胆碱、肌酐、3，5-二咖啡酰奎尼酸、芦丁、咖啡酸、山柰酚类似物、款冬酮等在紫色花蕾中的含量高于黄色花蕾，该结果得到了微阵列分析及Spearman rank相关分析的验证。结果与款冬花传统用药经验“紫花优于黄花”相一致，为药材的“辨状论质”提供了科学依据。有研究采用NMR代谢组学技术同时结合HPLC含量测定对21份不同来源款冬花药材进行化学比较，结果显示不同来源款冬花药材的质量存在差异，野生品中咖啡酸、绿原酸、芦丁、款冬酮、甲基丁酸-3，14-Z-去氢款冬素酯（EMDNT）、款冬巴耳二醇（bauer-7-ene-3β, 16α-diol）、谷甾酮等次级代谢产物含量高于栽培品，可明显区别款冬花栽培品和野生品。

1. **含量测定及方法研究**

（1）萜类成分的含量测定　倍半萜类是款冬花的特征成分，国内外学者从款冬花中分离得到款冬酮、款冬花内酯等多种倍半萜类成分。其中款冬酮具有抗炎、升压等药理作用，被广泛应用于款冬花的质量评价中。《中国药典》

2010年版首次收载了款冬酮的定量测定方法，并规定其量不少于0.070%。禄晓艳等对款冬酮定量测定的供试品溶液制备方法及色谱条件进行了优化研究，理论塔板数比《中国药典》2010年版方法可提高1倍。

（2）黄酮类化合物含量测定　款冬花中主要含有芦丁、金丝桃苷、槲皮素、山柰素等黄酮类成分，由于具有较强的紫外吸收，采用HPLC测定的检测波长多为254或360nm。现有的测定方法包括测定单一成分芦丁同时测定芦丁和槲皮素，以及同时测定槲皮素与山柰素等。

同时测定多类成分针对《中国药典》2015年版以单一成分款冬酮来评价款冬花药材质量的现状，研究人员探索建立了款冬花HPLC多指标定量测定方法，包括在254nm同时测定绿原酸和芦丁，在220nm同时测定芦丁和款冬酮，在220nm同时测定芦丁、异槲皮素、异绿原酸A、款冬酮及款冬花酮5种成分。Li等采用切换波长的方式（254、220nm）同时测定款冬花中款冬酮、绿原酸、芦丁、异槲皮苷的量，并将测定结果与花粉颗粒数量进行了关联。

李玮等建立240nm下同时测定款冬花中9种成分（倍半萜类、酚酸类、黄酮类、吡喃酮类）的方法；张争争等在254nm下同时测定了款冬花中12种成分（包括倍半萜类、酚酸类、黄酮类、吡喃酮类）的量，并计算了这些成分的变异系数，用于反映量的波动范围。此外，何兵等以绿原酸为参照建立款冬花中10个成分的一测多评方法，针对不同的结构类型采用切换测定波长（326、

254、220nm）的方式，结果显示一测多评法与外标法结果相对误差在1%以内。

2. 款冬花的指纹图谱研究

刘玉峰等建立了款冬花HPLC指纹图谱，检测波长为240nm，测定了10批款冬花样品，确定25个共有色谱峰并指认了16个特征峰，将相似度在0.9以上的判定为优质药材，相似度低于0.8则判定为劣品，相似度在0.8～0.9则认为药材质量一般。曹娟等建立了蜜炙款冬花HPLC指纹图谱，在240nm下检测，通过对10批蜜炙款冬花的分析确定了13个共有峰并指认出芦丁，结果显示10批蜜炙款冬花药材指纹图谱同对照图谱相比相似度均高于0.9。

马志洁等建立款冬花HPLC指纹图谱，在365nm下检测，发现栽培或野生的生长方式对款冬花中槲皮素和山柰素的峰面积影响较小，而产地因素对其峰面积影响较大。王国艳等还建立了款冬花的高效毛细管电泳指纹图谱，检测波长为214nm，测定了15批款冬花生品与蜜炙品的指纹图谱，确定26个共有峰并指认了其中6个色谱峰，结果显示，与对照指纹图谱相比，款冬花药材的指纹图谱相似度均大于0.9，而炮制品指纹图谱相似度低于0.9。《中国药典》2015年版目前尚未收载款冬花的指纹图谱或特征图谱，因此还需进行深入研究。

3. 款冬花的薄层色谱研究

《中国药典》2010年版开始收录款冬花药材的薄层色谱鉴别方法，同时采用款冬花对照药材和款冬酮作对照。姜潇等发现采用《中国药典》方法进行款

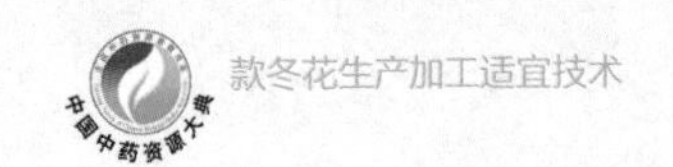

冬花药材鉴别时，需要进行同向二次展开，但由于药材中含有相似极性的物质，款冬酮比移值附近存在的其他斑点干扰了药材样品中款冬酮的识别，因此对该TLC鉴别方法进行了改进。对石油醚-醋酸乙酯（4：1）系统与石油醚-丙酮（6：1）系统进行比较发现，前者可单次展开，后者需同向二次展开，在新的薄层色谱条件下，对照品斑点具有更好的分离度，加强了结果辨识的准确性，重现性好，为款冬花药材的准确TLC鉴别提供依据。

第6章

款冬花现代研究与应用

一、化学成分

款冬花为菊科植物款冬*Tussilago farfara* L.植物款冬的干燥花蕾，是中医临床和中药工业常用中药之一，现代研究表明款冬花含有萜类、黄酮、生物碱、精油和有机酸类等化学成分。

（一）化合物类型

1. 萜类

（1）倍半萜自20世纪80年代起，各国专家学者就对款冬花的倍半萜类化合物进行了系统深入的研究。款冬花中的倍半萜类有款冬花酮、款冬花素内酯、14-去乙酰基款冬花素、7*β*-去（3-乙基巴豆油酰氧基）-7*β*-当归酰氧基款冬花素、7*β*-去（3-乙基巴豆油酰氧基）-7*β*-千里光酰氧基款冬花素等化合物。

（2）三萜Santer等自款冬花中分得款冬二醇和山金车二醇。1998年，*Yaoita*等自款冬花中分离得到款冬巴耳新二醇，巴耳三萜醇（bauenenol）和异巴耳三萜醇。

2. 黄酮

Kaloshina等从款冬花叶和花中得芦丁（rutin），金丝桃苷（hyperin），山柰酚（kaempferol），槲皮素（quercetin），槲皮素-3-阿拉伯糖苷（quercetin-3-arabinoside），山柰酚-3-阿拉伯糖苷（kaempferol-3-arabinoside），槲皮素-4′-葡萄

糖苷（quercetin-4′-glucoside），山柰酚-3-葡萄糖苷（kaempferol-3-glucoside）。石巍等报道从款冬花的醇提物中分得山柰素-3-芸香糖苷（kaempferol-3-rutinoside）。

3. 生物碱

德国Luethy等利用GC-MS定量测得中国产款冬花中含双稠吡咯啶生物碱senkirkine，其质量浓度为47×10^{-6}mg/ml。1981年，Roeder等自欧洲产款冬花中分得1个单酯类双稠吡咯啶生物碱，即款冬花碱（tussilag-ine），但据Pareiter 1992年报道认为此生物碱是提取过程中的人工产物。石巍等对国产款冬花的甲醇提取物经初步分离得到生物碱部分，通过GC-MS分析发现含有tussilagine和isotussilagine以及它们的1-端基异构体，还含有2-吡咯啶醋酸甲酯；并推测甲酯生物碱可能是在提取过程中由相应的酸与甲醇成酯所得，但其是否为人工产物还需进一步研究证实。

4. 精油

1987年，Suzuki等报道款冬花中的精油成分，分别为：1-壬烯（1-nonene），1-癸烯（1-octene），1-十一碳烯（1-unde-cene），1-十二碳烯（1-dodecene），1-十三碳烯（1-tridecene），1-十五碳烯（1-pentadecene），甜没药烯（*bisabolene*），香荆芥酚（*car-vacrol*），棕榈酸甲酯（*methytl palmitate*），亚油酸甲酯（methyl *li-noleate*），苯甲醇（*benzyl* alcohol），苯乙醇（*phenylethyl* alcohol），1-壬烯-3-

醇（1-nonen-3-ol），1-十一碳烯-3-醇（1-undecen-3-ol），当归酸（angelic acid），2-甲基丁酸（2-thylbutyric acid）。

5. 有机酸类

石鳚等从款冬花中首次分得咖啡酸（caffeic acid），丁二酸（amber acid），邻苯二甲酸二丁酯（dib-utyl phthalate）。

6. 其他类

尿嘧啶核苷（uridine），腺嘌呤核苷（adeno-sine），蔗糖（sucrose），二十六烷醇（hexacosanol），胡萝卜苷（daucosterol），β-谷甾醇（β-sitoterol），γ-氨基丁酸（γ-aminobutyric acid），丙氨酸（alanine），丝氨酸（serine），甘氨酸（gly-cine）。无机元素如锌、铁、铜、锰、钴。

（二）款冬花有效成分的提取工艺研究

从20世纪70年代开始，国内外学者对款冬花的化学成分进行了系统的研究分析，截止目前发现款冬花中主要含有黄酮类、萜类、生物碱、挥发油、有机酸、多糖等活性成分。

1. 款冬花中黄酮类化合物的提取

黄酮类是广泛存在于植物中的一大类化合物，在植物中大多与糖结合成黄酮苷类，或以游离状态存在，在食品和医药工业上应用广泛。研究发现款冬花中黄酮含量较高，目前已发现黄酮类物质的生理功能主要有：抗氧化、清除自由基，抗心血管疾病，抑制肿瘤，抗心律失常，增强免疫调节功能，镇咳祛痰、平喘，抗菌抗病毒以及抗炎等功能。款冬花总黄酮的提取方法主要为有机溶剂提取法、超声波辅助提取法和微波辅助提取法等。

（1）有机溶剂提取法　该提取方法常用的有机溶剂有甲醇、乙醇、丙酮等，体积分数较高的乙醇（90% ～95%）适用于提取苷元类物质，体积分数60%左右的乙醇适于提取黄酮苷类物质。目前有机溶剂提取法在国内外使用最广泛，并且工业化生产较容易。

有学者对款冬花中总黄酮类化合物的提取及纯化工艺进行了研究，比较了不同溶剂对款冬花黄酮提取率的影响，结果表明乙醇为性能良好的提取剂，提取率较高，且乙醇毒性小、渗透性强、易于回收、价格也较便宜，适合工业化生产。水与甲醇的提取率相当，仅次于乙醇，但由于甲醇毒性大且易挥发；又由于水的极性大，易把蛋白质、糖类等溶于水的成分浸提出来，从而使提取液存放时易腐败变质，还为后续的分离带来困难。正丁醇提取率较低，且其沸点较高，不适于作提取剂。还比较了索式提取法、回流提取法、超声辅助提取法、闪式提取法等不同提取方法对款冬花总黄酮的提取效果；结果表明索氏提取法的总黄酮提取率最高，提取最完全，但处理量较少，且温度高，受热时间长。其次是回流提取法，提取效率高，速度快，且装置简单，一次提取的提取率相对较高，且易于工业化生产。超声提取法与回流提取法的提取率相当，且

可达到省时、高效、节能的目的；在款冬花黄酮的提取中有一定的应用前景。闪氏提取法虽然提取率较低，但是提取之前无需对原材料进行粉碎，提取时间短，无需加热，方便易行，适合实验室使用。

乙醇提取法是提取款冬花中黄酮类成分的常用方法之一，有学者对该方法提取款冬花中黄酮类成分的提取工艺参数进行了优化，主要研究了乙醇浓度、提取时间、提取温度、提取次数对款冬花总黄酮回流提取工艺的影响，并结合L9（34）正交试验法，优化回流提取工艺，结果表明，各因素对提取工艺的影响程度为：乙醇浓度>提取温度>料液比>提取时间，最佳提取工艺为30倍量50%乙醇，在80℃下回流提取2小时，提取1次，其最高得率为8.15%。

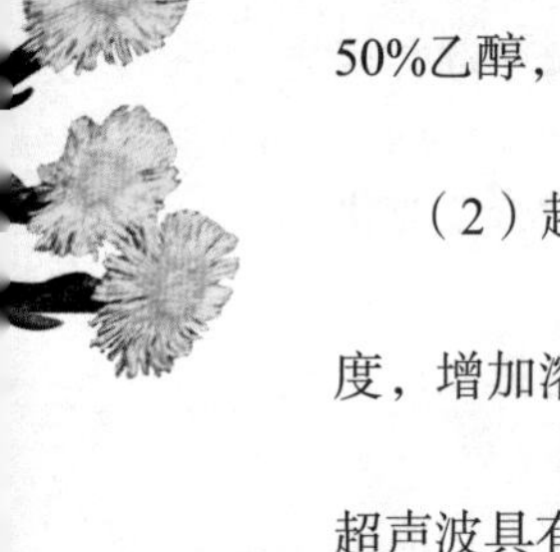

（2）超声提取法　超声提取法是利用超声波增大物质分子运动频率和速度，增加溶剂穿透力，提高被提取化学成分的溶出度，缩短提取时间的方法。超声波具有空化、乳化、搅拌、扩散、化学效应、凝聚效应等特殊作用，可破坏植物细胞，使溶剂渗透到细胞中，有利于化学成分的溶解。但超声提取也存在一定的局限性。液体在摩擦或热传导过程中吸收超声波导致液体整体温度升高而引起升温效应，可能会导致某些提取的化学成分不可预控的物理化学性质改变；超声波提取受热不均匀，提取液比较浑浊，不易滤过；超声波在不均匀介质中传播会发生散射衰减，影响提取效果；噪音污染大，产业化困难，容易造成有效成分的变性、损失等。

有学者用响应面法优化超声提取款冬花中总黄酮的工艺及方法。研究款冬花中总黄酮提取率的影响因素，在单因素试验的基础上，选择超声功率、超声时间、液料比为自变量，总黄酮提取量为响应值，采用*Box-Behnken*中心组合试验设计和响应面（RSM）分析法建立影响因素的二次回归模型，通过对二次回归模型求解编码转换，研究各自变量交互作用及其对总黄酮提取量的影响，提供一种工艺简单、提取率较高的超声提取方法。通过响应面试验得出款冬花总黄酮的超声处理提取最佳工艺为：超声温度73℃，时间47分钟，乙醇体积分数65%，在此条件下的平均提取率为10.74%；与乙醇提取法比较，超声提取不仅提高了总黄酮的提取率而且缩短了提取时间。

（3）微波提取法　微波是一种频率在300MHz至300GHz之间的电磁波，它具有波动性、高频性、热特性和非热特性四大基本特性。微波的热效应是基于极性物质偶极子的转向极化与界面极化，在高频微波场作用下，极性分子会在1秒内发生数十亿次180° 的高频变换，产生粒子间的相互摩擦、碰撞，迅速生成大量的热能，引起温度升高。微波提取最早于1986年用微波炉从土壤中萃取分离有机化合物，之后迅速扩展到包括植物药提取等众多领域。微波提取主要利用不同组分吸收微波能力的差异，使机体物质的某些区域或提取体系中的某些组分被选择性加热，使得被提取物质从机体或体系中分离进入提取溶剂中，从而获得较高提取率的一种新型提取方法。微波提取技术具有选择性高、萃取速度快、重现性好、省时节能、提取率高、产品质量好、不易破坏所提成分的生物活性与化学结构等优点。但微波提取也存在不足。微波辐射不均匀，容易造成局部温度过高，导致有效成分的变性、损失，且对富含淀粉或树胶的物料提取，容易产生提取物的变形和糊化，不利于胞内物质的释放。另外，微波提取对提取溶剂也有选择性，如溶剂必须是透明或半透明的，介电常数在8～28之间。

有学者对该方法提取款冬花中黄酮类成分的提取工艺参数进行了优化，主要考察微波功率、乙醇体积分数、液料比和提取时间对款冬花总黄酮提取率的影响。分别采用微波功率为200～800W、乙醇体积分数为30%～90%、液料比为（10～30）：1和提取时间为3～11分钟等水平进行单因素考察。在单因素实验的基础上进行正交实验，以微波功率、乙醇体积分数、液料比和提取时间作为考察因素，以款冬花总黄酮提取率为考察指标，按L9（34）正交表进行试验，对结果进行直观及方差分析，确定微波提取款冬花总黄酮的最佳工艺为：微波功率400W、提取溶剂为60%乙醇、液料比20：1、提取时间9分钟，在此条件下总黄酮提取率为9.7%。与沸水煎煮法和乙醇回流法两种提取方法相比，微波提取法的总黄酮提取率较高，而且耗时短，操作简单。

2. 款冬花中多糖类化合物的提取

多糖广泛存在于动物、植物、微生物中，按其来源可分为动物多糖、植物多糖、微生物多糖等。高等植物中分离的多糖主要包括水溶性多糖、树胶（如阿拉伯胶、桃胶）等。多糖多具有抗肿瘤、免疫、抗病毒等活性。款冬花中多糖的提取方法主要有水提取法、超声波辅助提取法、微波辅助提取法和生物酶辅助提取法等。

（1）水提取法　多糖为极性大分子化合物，根据相似相溶原理，即极性强的化合物易溶于极性强的溶剂中，极性弱的化合物易溶于极性弱的溶剂中，多糖易溶于水、醇等极性强的溶剂中，在所有溶剂中，水是典型的强极性溶剂，对植物组织的穿透力强，提取的成分多，在生产上使用安全，广泛地用于植物多糖的提取。植物多糖的提取一般多采用热水浸提再用高浓度乙醇沉淀提纯多糖。

有学者先用95%的乙醇对预处理后的款冬花进行脱脂，将脱脂后的药材加入蒸馏水，于热水中浸提，趁热抽滤，提取液浓缩后，加入一定量的无水乙醇醇沉，得到款冬花粗多糖。选择液料比、提取时间、提取温度及醇沉体积4个因素进行单因素实验，确定影响款冬花多糖提取率的各因素按影响大小排依次为提取温度＞提取时间＞液料比；并在此基础上通过响应面分析法*Box-Behnken*设计方法对款冬花多糖提取率与提取温度、提取时间和料水比等进行了提取工艺参数优化研究，建立了多糖提取率与时间、液料比、温度之间关系的回归方程，通过二次响应曲面方程找到了最佳提取工艺参数为：提取温度为84℃，提取时间为6.2小时，液料比为21∶1，提取3次，此提取条件下的款冬花多糖提取

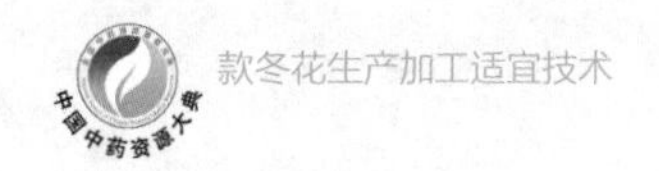

率达到13.48%。

（2）超声提取法　利用超声辅助提取款冬花多糖，能使溶剂快速渗透到植物细胞中，有利于款冬花中所含的多糖类成分尽可能完全地溶解到溶剂中，可有效提高提取效率，缩短提取时间。

一些学者对超声法提取款冬花多糖的工艺条件进行了研究。有研究报道，先用80%乙醇去除单糖、低聚糖、苷类及生物碱等干扰性成分，然后用水提取款冬花多糖类成分；并采用单因素和正交试验方法考察了不同料液比、超声时间、温度和频率对款冬花提取效率的影响，确定超声提取款冬花多糖的最佳工艺为10倍量水，水温40℃，超声时间50分钟，频率为50kHz。有学者采用超声法提取款冬花多糖时，对影响款冬花多糖提取率的各因素按影响大小排序依次为超声功率＞提取温度＞提取时间。款冬花多糖提取率与提取功率、提取温度和提取时间通过采用*Box-Behnken*设计方法，进行了提取工艺参数优化研究，建立了多糖提取率与超声功率、温度、时间之间关系的回归方程，通过二次响应曲面方程找到了最佳提取工艺参数。最佳提取工艺条件为：超声提取时间40分钟，温度71℃，超声功率90W，液料比为20∶1，与水提法相比，超声辅助提取款冬花多糖提取时间更短，提取效率更高。

（3）微波提取法　微波提取主要利用不同组分吸收微波能力的差异，在快速振动的微波电磁场中，被辐射的某些组分吸收电磁能，以每秒数十亿次的高

速振动产生热能，使细胞内部的压力超过细胞壁膨胀所能承受的能力而细胞破裂，使得被提取物质从机体或体系中分离进入提取溶剂中，从而获得提取物。

有学者先用无水乙醚回流脱脂，再用85%乙醇回流除去单糖等杂质，然后用微波提取款冬花多糖，在单因素试验的基础上结合正交试验，以提取的料液比、微波功率和微波时间为影响因素结合款冬花多糖得率为评价指标，考察多糖得率影响的主要因素次序为：液料比>微波时间>微波功率，筛选出款冬花多糖微波提取工艺的最佳条件为：液料比为30∶1，微波功率为600W，微波时间为7分钟，多糖得率为14.81%；与水提取法及超声提取法相比，微波辅助提取法提高了款冬花多糖得率，并且更节约时间。

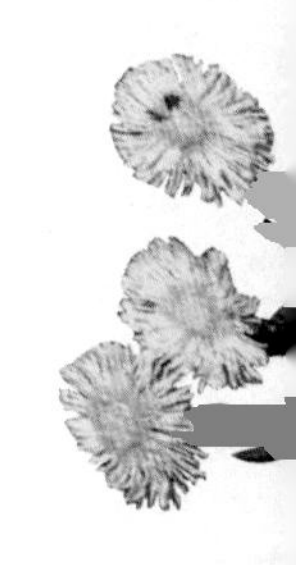

（4）酶提取法　酶提取技术是利用相关酶破坏植物细胞的细胞壁，从而使有效成分流出的一种提取方法。植物的细胞壁是由纤维素、半纤维素、果胶质构成的，在合适的酶作用下，可发生物质降解，这时细胞壁的结构会遭到破坏，细胞壁、细胞间质等传质屏障对有效成分从胞内向提取介质扩散的传质阻力会减少，从而使有效成分提取率提高。此外，植物中多含有脂溶性、难溶于水或不溶于水的成分，通过加入合适的酶如葡萄糖苷酶或转糖苷酶，可使这些有效成分转移到水溶性苷糖中，从而使有效成分提取率提高。酶法提取具有反应条件温和、保持有效成分药效、优化有效组分等特点。因其试剂设备简单，对中药提取物进行酶法处理可降低成本，并且环保节能，故酶提取法已广泛应用于中药有效成分的提取。但酶法提取要综合考虑反应温度、pH、酶及底物浓度等影响，对实验条件要求较高。

有学者用酶法提取款冬花多糖，考察了款冬花多糖酶辅助提取中酶的用量、液料比、pH、温度等因素对多糖提取效果的影响，并通过单因素实验结果，采用*Box-Behnken*试验设计以及响应面分析对提取工艺进行优化，最终得到的最佳工艺条件为：选取提取温度为55℃，选择酶药质量比1.30%，提取时间123.2分钟，pH值为7，水料比20∶1。和热水浸提和超声提取法相比，生物酶法是一种温和的方法，对多糖的结构影响较小，较容易放大到工业化生产中去；而热水浸提法简单经济，但粗多糖得率和含量低，同时温度太高会破坏多糖活性；而超声提取法较水提法可明显地提高多糖提取率，且可有效缩短提取时间，但超声提取法目前尚不能应用于工业生产中，且超声可能会对多糖的结构产生一定的破坏。

3. 款冬花中其他成分的提取

（1）款冬花中挥发油的提取　款冬花中含有丰富的挥发油，其主要成分为倍半萜类化合物以及小分子烯烃等。款冬花醇对呼吸频率和深度有减慢加深的作用，对哮喘有缓解作用。除了具有临床疗效以外，款冬花挥发油还有其他的功能和用途，主要体现在卷烟方面的应用，款冬花挥发油中含有大量的具有还原性质的烯烃类，如荜澄茄烯、红没药烯和石竹烯等，说明款冬花挥发油具有较强的抗氧化性，在香烟中具有抗氧化以及抑制烟气自由基的作用，这些烯烃中，有的还具有可以让人产生愉悦的特殊花香气味，能改善香烟气味，减少刺激性。

有学者采用水蒸气蒸馏萃取法和同时蒸馏萃取法两种提取方法提取了款冬花挥发油，并对挥发油得率及化学成分进行了比较研究，结果显示两种方法提取的款冬花挥发油，其化学组分和含量不尽相同，但主要成分是相同的。水蒸气蒸馏萃取法和同时蒸馏萃取法提取款冬花挥发油得率分别为1.023%和1.936%，同时蒸馏萃取方法挥发油得率比较高。两种方法提取的挥发油相同的化学成分有7种，其中倍半萜和烯烃含量较高，含量在3%以上的有β-红没药烯、δ-杜松烯、双环吉玛烯和β-荜澄茄油烯等倍半萜类化合物及7，10，13-十六三烯醛。

有学者使用同时蒸馏萃取法和超临界CO_2流体萃取法制备了款冬花挥发油，并采用气相色谱-质谱联用法（GC-MS）鉴定各个样品中所含的化学成分。结果显示，同时蒸馏萃取法提取挥发油产率为0.13%，产物为淡黄色的油状液体，能完全溶解于乙醇和二氯甲烷，其香气主要为甜香和花香，略带蒸煮味；超临界CO_2流体萃取技术提取挥发油产率达到1.09%以上，产物为膏状物质，其香气主要为甜香、花香和清香，略带蜡质味，能完全溶解在二氯甲烷中，当溶剂为无水乙醇时，有部分白色粉末不能完全溶解。GC-MS检测结果显示，同时蒸馏萃取法得到的精油的主要成分有β-没药烯（16.83%）、香松烯氧化物（12.13%）、十八碳三烯（6.45%）、十一烯（6.30%）和环十一烯（4.53%）等；超临界CO_2流体萃取技术制备的挥发油，其主要成分有款冬花酮（13.94%）、香松烯氧化物（11.97%）、β-没药烯（4.37%）、十八碳三烯（4.19%）和金丝桃苷（3.40%）等。可见，同时蒸馏萃取法制备的精油含有较多的小分子量的挥发性成分，如β-没药烯、香松烯氧化物等，而超临界CO_2流体萃取的挥发油中除了含有挥发性成分外，还含有如款冬酮、款冬二醇等中等分子量的特征性化学成分，以及多种黄酮、高级烷烃等。两种方法由于萃取介质不同和作用机制不同，造成了它们化学成分和性质上的较大差别。因此，在对款冬花挥发油的提取过程中，水蒸气蒸馏法更多针对小分子质量的挥发性成分，而超临界流体萃取技术除了提取出部分小分子质量化合物外，对中等分子质量的化学成分也有一定的提取效果，这也是超临界流体萃取技术制备挥发油产率高于水蒸气蒸馏法的原因。

（2）款冬花中款冬酮的提取　款冬酮为倍半萜类化合物，具有升压，显著增加外周阻力，强烈收缩血管等作用，是款冬花中的重要药效成分，结构中有两个酯键，不稳定，高温时容易断裂，结构发生变化，提取分离时通常不加热，目前对款冬酮的提取方法研究多限于溶剂法，具有收率低、耗时长、所用有机溶剂消耗量大、对环境污染大等缺点，而超临界CO_2萃取法特别适于提取

脂溶性易分解天然成分，同时可弥补常规溶剂提取法的缺陷。

有学者采用超临界CO_2流体萃取款冬花中的款冬酮，并采用均匀设计优化了萃取条件：萃取压力22MPa，萃取温度40℃，萃取时间35分钟；并与常规溶剂提取法作了比较，结果显示超临界CO_2萃取法得到的款冬酮在萃取率和时间上均比溶剂提取法具有优势。采用超临界CO_2萃取法不仅萃取时间短，萃取率也大为提高，达到0.33%，且不存在有机溶剂残留以及对环境污染等问题，用于提取款冬花中款冬酮具有巨大的优势。

（3）款冬花中绿原酸的提取　绿原酸也称咖啡鞣酸，即3-咖啡酰奎宁酸，是中药及天然产物中重要的生物活性物质之一。绿原酸类化合物显示出广泛的生物学活性，如利胆、抗菌消炎、抗病毒、止血、增加白细胞、加速血凝和出血时间以及兴奋中枢神经系统等多种药用功能。

有学者在单因素试验的基础上，结合正交试验的方法，对乙醇浓度、乙醇倍量、提取时间3个因素进行考察，对超声提取款冬花中绿原酸的工艺条件进行了优化，结果显示：乙醇浓度对款冬花中绿原酸的提取率影响最大，其次是提取时间，乙醇倍量影响最小。超声提取款冬花中绿原酸的最佳提取工艺：用30倍量70%乙醇，超声波提取1次，提取时间为30分钟，款冬花中绿原酸的提取率最高，含量可达5.47%。

（4）款冬花中色素的提取　来自于中药和天然产物的天然色素由于具有药

用、营养及着色功能，既满足了食品工业对天然色素的需求，又可以扩大中药和天然产物的利用价值。有学者研究了水、无水乙醇、丙酮、乙酸乙酯、石油醚等不同提取溶剂对款冬花色素的提取效果，结果显示，用丙酮作提取溶剂时，提取效果最佳。

二、药理作用

1. 止咳、祛痰和平喘

款冬花水煎剂4ml/kg口服，对犬有显著镇咳作用。款冬花醋酸乙酯提取物有祛痰作用，乙醇提取物则有镇咳作用。离体兔和豚鼠气管-肺灌流试验证明，款冬花醇提取物小剂量时可使支气管略有扩张，而剂量较大时则使支气管收缩。其醇提物（0.4～1g/kg）和醚提物（0.5g/kg）静注可使猫、兔产生呼吸兴奋，类似尼可刹米，可对抗吗啡引起的呼吸抑制。

2. 对心血管系统的作用

款冬花醇提液和煎剂静注，对猫的血压先呈短暂微降，继之急剧上升，并维持较长时间。醚提取物用于猫、兔、犬和大鼠，一般无先期降压现象，而升压作用更为明显。对于失血性的休克猫，醚提取物每千克0.2g（生药）的升压作用极为显著，其特点为用量小，作用快而强，持续时间长，反复给药，无快速耐受现象。款冬花酮具有显著的与剂量有关的即刻升压作用，给猫静注款冬花酮（0.2mg/kg）升压为（125 ± 27）mmHg。款冬花酮引起的兔主动脉条收缩，其作用不被酚妥拉明或维拉帕米阻断，但在无Ca^{2+}溶液中收缩作用显著减弱。提示款冬花酮升压的作用机制可能是促进儿茶酚胺类递质释放与直接收缩血管平滑肌的综合结果。

3. 对血流动力学的影响

款冬花酮对犬的血流动力学研究表明，它能显著增加外周阻力，强烈收缩血管、心肌纤维等容收缩速度指标，冠状动脉和肾动脉流量无显著改变，心搏出量增加，心率减慢。然而对失血性犬，款冬花酮可使心肌纤维缩短速度明显增加。与多巴胺比较款冬花酮对失血性休克不仅升压作用强，维持时间长，而且使心肌力量-速度向量环的形态恢复得更接近正常。

4. 抗血小板活化因子的作用

血小板活化因子（*plateletactivating* factor，PAF）为一种源性脂类介质，是最强的血小板激活剂和血小板聚集诱导剂。PAF拮抗剂可能用于治疗过敏性的呼吸系统疾病、炎症、内毒素或严重烧伤引起的休克、牛皮癣、动脉粥样硬化等。款冬花提取物能与兔血小板膜结合，能明显抑制PAF和角叉菜胶引起的大鼠足跖肿胀，是一种PAF受体竞争性拮抗剂。提取物又能与囊泡膜结合，是钙通道的阻断剂。款冬花素、甲基丁酸款冬花酯和14-去乙酰氧基-3，14-去氢-2-甲基丁酸款冬花酯对血小板活化因子引起的血小板聚集有抑制作用。款冬花素对钙通道阻滞剂受体结合实验显示有阻断活性，IC_{50}为1μg/ml。

5. 抗炎

朱自平等研究表明，款冬花乙醇提取物能明显减少二甲苯致小鼠耳肿及角叉菜胶所致的小鼠足跖肿。对消化系统作用研究发现，款冬花的乙醇提取物可明显减少1～8小时内蓖麻油致小鼠腹泻和抑制溃疡，但对胃肠推进无明显影响。说明其抗腹泻作用不是通过减轻胃肠运动而产生，并指出抗炎可能是款冬花抗腹泻的机制。

三、毒性

款冬花煎剂小鼠灌服的LD_{50}为124g/kg；醇提取物腹腔注射的LD_{50}为112g/kg；醚提取物腹腔注射的LD_{50}为43g/kg。亦有报道其具有致癌活性，可使大鼠肝脏长有血管肉瘤，其致癌物可能是一种具有肝细胞毒性的吡咯生物碱克氏千里光碱（*senkirkine*）。

四、安全性评价

款冬花中含有西啶生物碱，可引起肝脏毒性，这是人们对款冬花存在质疑的最主要原因。张燕等探讨了款冬花提取物、总生物碱部位、非生物碱部位和克氏千里光碱（*senkirkine*）对小鼠肝脏的毒性作用。结论在所给剂量下，水提液无肝脏毒性，用药安全；总生物碱、克氏千里光碱有明显的肝脏毒性。然而多年的临床应用中，款冬花复方并未发现有不良反应。

在《中国药典》中，款冬花为“无毒”，并没有特别规定；在Australian SUSMP中，款冬花属于不在违禁物质的范畴，可以使用。现代药理研究显示，款冬花水提液口服给药，小鼠的LD_{50}为124g/kg，人体理论等效剂量为603.2g/60kg；乙醇提取物腹腔注射LD_{50}为112g/kg，人体理论等效剂量为544.9g/60kg；醚提取物静脉注射LD_{50}为43g/kg，人体理论等效剂量为209.2g/60kg。

这些LD_{50}值远远高于《中国药典》规定的款冬常用剂量5～10g，因此，正常范围内使用款冬用药是安全的。不过，在款冬花制剂工艺过程中，要注意加强对肝毒性生物碱含量的监测，确保用药安全。

五、产品的应用前景及市场动态

款冬花具有润肺下气、止咳化痰的功效。用于新久咳嗽、喘咳痰多、劳嗽咳血；是止咳化痰平喘之要药，主治急慢性气管炎、肺结核、咳嗽、气喘、痰中带血、肺虚久咳、肺寒痰多等症。目前我国大约有2000家制药企业使用款冬花作为主要配方原料生产了千余种（规格）具有止咳祛痰、润肺的中成药、新药和中药饮片。在我国医药市场上出售的款冬花成方制剂有20～30种，剂型主要包括：片剂、煎膏剂、水丸、蜜丸、浓缩丸等。品种主要有桔梗冬花片、川贝雪梨膏、止咳橘红丸、百花定喘丸、咳喘顺丸、小儿肺咳颗粒、二母安嗽丸、款冬止咳糖浆等。

桔梗冬花片是由桔梗、款冬花、制远志、甘草四味药材制成的中药制剂，收载于《中国药典》2015年版，具有止咳祛痰的功效，用于痰浊阻肺所致的咳嗽痰多；支气管炎见上述证候者。制法包括以上四味，桔梗粉碎成细粉，剩余桔梗与款冬花、制远志、甘草加水煎煮三次，每次2小时，煎液滤过，合并滤液，静置，取上清液浓缩成稠膏，加入桔梗细粉，混匀，干燥，研细，制成颗粒，干燥，或加入硬脂酸镁适量，压制成1000片，包糖衣或薄膜衣，即得。目前国内的生产厂家主要有17家。此外，已获准上市销售的还有桔梗冬花颗粒。

川贝雪梨膏是由梨清膏、川贝母、麦冬、百合、款冬花五味药材制成的中药制剂，收载于《中国药典》2015年版，具有润肺止咳、生津利咽的功效。用于阴虚肺热，咳嗽，喘促，口燥咽干。制法包括以上五味，梨清膏系取鲜梨，洗净，压榨取汁，梨渣加水煎煮2小时，滤过，滤液与上述梨汁合并，静置24小时，取上清液，浓缩成相对密度为1.30（90℃）。川贝母粉碎成粗粉，用70%乙醇作溶剂，浸渍48小时后进行渗漉，收集渗漉液，回收乙醇，备用；药渣与其余麦冬等三味加水煎煮二次，第一次4小时，第二次3小时，合并煎液，滤过，滤液静置12小时，取上清液，浓缩至适量，加入上述川贝母渗漉液及梨清膏，浓缩至相对密度为1.30（90℃）的清膏。每100g清膏加入用蔗糖400g制成的转化糖，混匀，浓缩至规定的相对密度，即得。目前国内的生产厂家主要有5家。此外，已获准上市销售的还有川贝雪梨颗粒、川贝雪梨胶囊和川贝雪梨糖浆。

橘红丸是由化橘红、陈皮、半夏（制）、茯苓、甘草、桔梗、苦杏仁、炒紫苏子、紫菀、款冬花、瓜蒌皮、浙贝母、地黄、麦冬、石膏十五味药材制成的中药制剂，收载于《中国药典》2015年版，具有清肺，化痰，止咳的功效。用于痰热咳嗽，痰多，色黄黏稠，胸闷口干。制法包括以上十五味，粉碎成细粉，过筛，混匀。每100g粉末用炼蜜20～30g加适量的水泛丸，干燥，制成水蜜丸；或加炼蜜90～110g制成小蜜丸或大蜜丸，即得。目前国内的生产厂家有200多家。此外，已获准上市销售的还有橘红颗粒、橘红胶囊和橘红片。

止咳橘红丸是由橘红、法半夏、陈皮、茯苓、甘草、炒紫苏子、炒苦杏仁、紫菀、款冬花、麦冬、瓜蒌皮、知母、桔梗、地黄、石膏十五味药材制成的中药制剂，收载于《中国药典》2015年版，具有清肺，止咳，化痰的功效。用于痰热阻肺引起的咳嗽痰多、胸满气短、咽干喉痒。制法包括以上十五味药材粉碎成细粉，过筛，混匀，每100g粉末加炼蜜40～60g及适量的水，制丸，干燥，制成水蜜丸；或加炼蜜90～110g制成大蜜丸，即得。目前国内的生产厂家主要有1家。此外，已获准上市销售的还有止咳橘红颗粒、止咳橘红胶囊、止咳橘红合剂和止咳橘红口服液。

咳喘顺丸是由紫苏子、茯苓、苦杏仁、款冬花、前胡、陈皮、瓜蒌仁、鱼腥草、半夏（制）、桑白皮、紫菀、甘草十二味药材制成的中药制剂，收载于《中国药典》2015年版，具有宣肺化痰、止咳平喘的功效。用于痰浊壅肺、肺气失宣所致的咳嗽、气喘、痰多、胸闷；慢性支气管炎、支气管哮喘、肺气肿见上述证候者。制法包括以上十二味，紫苏子、前胡、半夏、茯苓、陈皮、苦杏仁、款冬花粉碎成粗粉，其余瓜蒌仁等五味加水煎煮二次，滤过，滤液合并，浓缩成稠膏。加入上述粗粉，干燥，粉碎成细粉，混匀。每100g粉末加炼蜜30～40g与水适量，泛丸，干燥，用活性炭包衣，干燥，即得。目前国内的生产厂家主要有4家。

同时，中药饮片加工厂还生产了精装、散装、普装、统装等十几个规格的款冬花饮片，年用款冬花以10%的速度递增。此外，医疗单位处方和民间验方、偏方等也多采用款冬花治疗急慢性气管炎、肺结核等症，年用量也呈升势。另外，款冬花挥发油含有β-红没药烯、β-荜澄茄油烯、柠檬烯、α-石竹烯、氧化石竹烯、糠醛、β-紫罗兰酮、十六烷酸、亚油酸、亚麻酸和7，10，13-十六三烯醛等香气成分，加入单料烤烟中，具有改善香气质，增加香气量，掩盖杂气，减少刺激性，改善余味的作用。可用于卷烟加香，既适合烤烟，又适合白肋烟，添加量以0.05%～0.10%为宜。

全国款冬花年均产约3000吨，纯购约2000吨，纯销约1600吨，供应出口约200吨。款冬花以家种药材为主，20世纪90年代前期，款冬花由于需求平稳，资源有量，市价少有波动。1990～1994年，价格长期稳定在10～12元之间。款冬花因单产很低，低价格使药农的种植积极性消耗殆尽，20世纪90年代中期少有种植，加之其用途拓宽，用量有所增大。1995年产新货少，市价短期内升至29元。1996年产新前升至75～80元，产新后有所回落。1997年市价继续攀升至160元。因价高，各主产区纷纷扩大种植，1998年产新前价格回落至80元左右，产新后货量十分巨大，市价快速回落至40元。1999年7月一度跌至15元，产新后价格回升至20元，2000年底回升至25元。2000年后，种植较为稳定，市价虽有震荡但总体平稳，2001～2008年保持在25～30元。2008年产新后因货量较大，价格回落至24元。2009年3月跌破20元，因2009年产区受风雪影响减产，加上商家资金介入，产新后价格快速上升，11月升至45元，12月达到70元。近几年，款冬花价格呈平稳运行状态，小批量走销为主，偶有批量交易，行情稳中走坚，目前市场甘肃统货款冬花价格在110～120元。

参考文献

[1] 中国科学院中国植物志编写委员会. 中国植物志 [M]. 北京：科学出版社，2004.

[2] 崔贵梅，孙海峰，贺润丽，等. 药用植物款冬花芽分化过程观察 [J]. 植物研究，2011，31（3）：354–357.

[3] 刘建全. 款冬属的核形态（菊科：千里光族）[J]. 木本植物研究，2000，20（3）：313–317.

[4] 刘建全. 款冬的胚胎学 [J]. 西北植物学报，2001，21（3）：520–525.

[5] 刘毅. 款冬花规范化种植及质量标准的系统研究 [D]. 成都中医药大学，2008.

[6] 厉妲，张静，梁鹏，等. 不同产地、不同采收期款冬花的质量评价 [J]. 中药材，2015，38（4）：720–722.

[7] 刘毅，王允，秦松云，等. 中药材款冬花GAP标准操作规程 [J]. 时珍国医国药，2009，20（11）：2861–2862.

[8] 熊飞. 款冬花种植及其采收加工技术 [J]. 四川农业科技，2013（10）：50–51.

[9] 张志红，高慧琴，杨贵平，等. 款冬栽培技术研究 [J]. 甘肃中医学院学报，2012，29（3）：64–66.

[10] 彭锐，刘志和，赵永沛，等. 巫溪款冬花规范化生产技术标准操作规程（SOP）[J]. 现代中药研究与实践，2008，22（2）：3–7.

[11] 山东省中药材病虫害调查研究组. 北方中药材病虫害防治 [M]. 北京：中国林业出版社，1991：128–130.

[12] 张爱香，马海莲，李雪萍，等. 款冬花根腐病的发病情况与病原鉴定 [J]. 贵州农业科学，2011，39（2）：99–101.

[13] 曾令祥. 贵州地道中药材病虫害认别与防治 [M]. 贵阳：贵州科技出版社，2007：11–13.

[14] 刘毅. 款冬花规范化种植及质量标准的系统研究 [D]. 成都：成都中医药大学，2008.

[15] 张兴俊. 氮磷肥施用量对款冬花的影响 [J]. 甘肃农业科技，2013，1（8）：33–35.

[16] 车树理，杨文玺，武睿，等. 不同栽培方式对款冬花产量的影响 [J]. 现代农业，2017，1（9）：83–84.

[17] 王贵军，弓强. 款冬组织培养快速繁殖试验研究 [J]. 安徽农学通报，2014，20（14）：27+32.

[18] 梁文裕，王俊，赵辉. 款冬组织培养与快繁技术的研究 [J]. 宁夏大学学报（自然科学版），2000（04）：346–348+356.

[19] 任继文，雷颖，李晓玲. 款冬叶柄愈伤组织培养与再生体系建立 [J]. 中国中药杂志，2017，

42（20）：3895-3900.

[20] 张献菊，沈力，付绍智．款冬花产地加工新技术研究［J］．实用医技杂志，2004，11（6）：1024-1026.

[21] 叶定江，张世臣．中药炮制学（中医药学高级丛书）（精）［M］．北京：人民卫生出版社，2008.

[22] 任群峰，刘天禄．款冬花蜜炙经验［J］．新疆中医药，2000，18（4）：46-47.

[23] 邵建兵．调温式电烘箱在中药炮制中的应用［J］．中国医院药学杂志，1999，19（6）：281.

[24] 尚志钧辑校．名医别录［M］．北京：人民卫生出版社，1986.

[25] 陶弘景．本草经集注［M］．上海：群联出版社，1955.

[26] 金世元．金世元中药材传统鉴别经验［M］．北京：中国中医药出版社，2010.

[27] 吕培霖，李成义，郑明霞．甘肃款冬花资源调查报告［J］．中国现代中药，2008，10（4）：42-43.

[28] 王晓远．河北蔚县款冬花的资源考察和药材质量的评价分析［D］．河北北方学院，2016.

[29] 吴琪珍，张朝凤，许翔鸿，等．款冬花化学成分和药理活性研究进展［J］．中国野生植物资源，2015，34（2）：33-36.

[30] 刘可越，张铁军，高文远，等．款冬花的化学成分及药理活性研究进展［J］．中国中药杂志，2006，31（22）：1837-1841.

[31] 刘玉峰，杨秀伟．反相高效液相色谱法测定款冬花中的款冬酮含量［J］．药物分析杂志，2009，29（1）：31-34.

[32] 禄晓艳，曹炯．款冬花药典质量标准探究［J］．西部中医药，2015，28（2）：30-33.

[33] 国家药典委员会．中华人民共和国药典（一部）［M］．北京：中国医药科技出版社，2010.

[34] 禄晓艳，曹炯．款冬花药典质量标准探究［J］．西部中医药，2015，28（2）：30-33.

[35] 李仲，郭玫，余晓晖，等．用高效液相色谱法测定款冬花中芦丁的含量［J］．甘肃中医学院学报，2000，17（3）：20-21.

[36] 冯亭亭，罗飞，王晓远，等．HPLC测定不同时期款冬花中芦丁、槲皮素的含量［J］．北方药学，2015，12（8）：3.

[37] 马致洁，董红红，李振宇，等．不同款冬花药材中槲皮素和山柰素的定量分析及HPLC指纹图谱研究［J］．中草药，2009，40（8）：1305-1308.

[38] 张文懿，杨天寿，王旭鹏，等．HPLC法测定款冬花中绿原酸和芦丁的含量［J］．药物分析杂志，2008，28（12）：2106-2108.

[39] 王晓远，张明柱，冯亭亭，等．河北蔚县款冬花药材主要成分含量的分析研究［J］．时珍国医国药，2016，27（6）：1494-1496.

[40] Seo U M，Zhao B T，Kim W I，et al．Quality evaluationand pattern recognition analyses of bioactive

markercompounds from Farfarae Flos using HPLC/PDA [J]. Chem Pharm Bull，2015，63 (7)：546–553.

[41] Li D，Liang L，Zhang J，et al. Application of microscopytechnique and high–performance liquid chromatographyfor quality assessment of the flower bud of Tussilagofarfara L. (Kuandonghua) [J]. Pharmacogn Mag，2015，11 (43)：594–600.

[42] 李玮，杨秀伟. HPLC法同时测定款冬花中9个主要成分的含量 [J]. 药物分析杂志，2012，32 (9)：1517–1524.

[43] 张争争，田栋，邢婕，等. 基于UPLC多指标测定比较不同来源款冬花药材的质量 [J]. 中草药，2015，46 (15)：2296–2302.

[44] 何兵，刘艳，杨世艳，等. 一测多评同时测定款冬花10个成分的含量 [J]. 药物分析杂志，2013，33 (9)：1518–1524.

[45] 刘玉峰，杨秀伟. 款冬花药材的HPLC化学成分指纹图谱研究 [J]. 药学学报，2009，44 (5)：510–514.

[46] 曹娟，王福刚，刘克等. 蜜炙款冬花HPLC指纹图谱研究 [J]. 中药材，2012，35 (1)：33–36.

[47] 马致洁，董红红，李振宇，等. 不同款冬花药材中槲皮素和山柰素的定量分析及HPLC指纹图谱研究 [J]. 中草药，2009，40 (8)：1305–1308.

[48] 王国艳，郝增燕，胡明勋，等. 款冬花的高效毛细管电泳指纹图谱 [J]. 中国实验方剂学杂志，2013，19 (13)：97–100.

[49] 姜潇，黄湘鹭，曹进，等. 款冬花薄层色谱药典方法改进及对药典中薄层方法应用的思考 [J]. 中国中医药现代远程教育，2012，10 (17)：156–158.

[50] 刘可越，张铁军，高文远. 款冬花的化学成分及药理活性研究进展 [J]. 中国中药杂志，2006，31 (22)：1837–1839.

[51] 韩桂秋，石巍. 款冬花化学成分的研究 [J]. 北京医科大学学报，1996，5 (2)：63.

[52] KikuchiM，Noriko Suzuk. i Studies on the constituents ofTusssil–ago farfara L. Ⅱ：structures ofnew sesquiterpenoids isolated fromthe flowerbuds [J]. Chem Pharm Bull，1992，40 (10)：2753.

[53] Santer J O，Rober S. Arnidiol and faradiol [J]. J Org Chem，1962，27：3204.

[54] Yaoita Y，Masao K. Triterpenoids from flower buds of Tussilagofarfara L. [J]. NatrMed，1998，52 (3)：273.

[55] Didry N，PinkasM，TorckM. Studies on the ployphenols fromcoltsfoot [J]. Ann Pharm Fr，1980，38 (3)：237.

[56] 梁小天. 常用中药基础研究 [M]. 第1卷. 北京：科学出版社，2004：640.

[57] RoderE H，W iedenfeld E. Tussilagine–a new pyrrolizidene alka–loid from Tussilago farfara [J].

PlantaMed，1981，43：99.
[58] 江林，李正宇，张慧萍. 炮制对中药微量元素的影响［J］. 中国中药杂志，1990，15（4）：211.
[59] 韩聪聪. 款冬花中萜类和黄酮类化合物分离技术研究［D］. 重庆大学，2015.
[60] 闫克玉，贾玉红. 乙醇提取款冬花中总黄酮的工艺研究［J］. 现代食品科技，2008（09）：901-903+910.
[61] 李月，刘妍. 微波法提取款冬花总黄酮的研究［J］. 化学与生物工程，2010，27（11）：43-46.
[62] 赵鹏，李稳宏，朱骤海，等. 款冬花多糖提取工艺的研究［J］. 中成药，2010，32（01）：58-61.
[63] 赵鹏，李稳宏，朱骤海，等. 超声提取款冬花多糖的响应面法工艺优化［J］. 精细化工，2009，26（06）：546-549.
[64] 宋逍，赵鹏，张丽华，等. 响应面优化酶法提取款冬花多糖工艺研究［J］. 安徽医药，2016，20（12）：2230-223.
[65] 闫克玉，贾玉红，李卫，等. 款冬花挥发油的提取及其在卷烟中的应用［J］. 烟草科技，2009（05）：27-33.
[66] 郑兴宇，马致洁，董红红，等. 款冬花中款冬酮超临界CO2萃取研究［J］. 山西医科大学学报，2009，40（10）：906-908.
[67] 杨丹丹，莫佳佳，陈林玲，等. 超声提取款冬花中绿原酸的工艺研究［J］. 中华中医药学刊，2013，31（01）：118-120.
[68] 高运玲，潘正，于晓丽，等. 款冬花色素的提取与稳定性研究［J］. 重庆邮电学院学报（自然科学版），2006（02）：279-281.
[69] 肖培根. 新编中药志［M］. 北京：化学工业出版社，2002.
[70] 王本祥. 现代中药药理与临床［M］. 天津：天津科技翻译出版社，2004：1499.
[71] 李一平，王筠默. 款冬花酮的升压机理［J］. 中国药理学报，1986，7（4）：333.
[72] 李一平，王筠默. 款冬花酮对清醒狗和失血性休克狗血流动力学的影响［J］. 药学学报，1987，22（7）：486.
[73] 韩桂秋，杨燕军，李长龄，等. 款冬花抗血小板活化因子活性成分的研究［J］. 北京医科大学学报，1987，19（1）：33.
[74] 朱自平，张明发，沈雅琴，等. 款冬花抗炎及对消化系统作用的实验研究［J］. 中国中医药科技，1998，5（3）：160.
[75] 国家中医药管理局中华本草编委会. 中华本草［M］. 第7册. 上海：上海科学技术出版社. 2000：994.

[76] 张燕，黄芳，吴笛，等. 款冬花及其所含生物碱对小鼠肝脏毒性作用的研究 [J]. 时珍国医国药，2008，19 (8)：1810–1811.

[77] Ellie J Y K，Chen Yuling，Johnson Q H，et al. Evidence —based toxicity evaluation and scheduling of Chinese herbal medi–cines [J]. Journal of Ethnopharmacology，2013，146 (1)：40—61.

[78] 王筠默. 款冬花成分、药理及效用的文献学研究 [J]. 中成药研究，1978 (02)：31–35.